"十四五"高等职业教育计算机类专业新形态一体化系列教材

Web前端开发技术项目教程

赵　恒　邹丽霞　邹香玲◎主　编
贾博文　李苗在◎副主编

中国铁道出版社有限公司
CHINA RAILWAY PUBLISHING HOUSE CO., LTD.

内 容 简 介

本书为"十四五"高等职业教育计算机类专业新形态一体化系列教材之一,根据职业院校计算机相关专业 Web 前端开发方向课程体系编写,同时结合企业 Web 前端开发岗位能力模型,对接《1+X 证书 Web 前端开发职业技能等级标准》,形成了三位一体的 Web 前端开发知识地图。本书以实践能力为导向,遵循企业软件工程标准和技术,以项目任务为驱动,阐述了 HTML5、CSS3、JavaScript 等 Web 前端开发相关技术和知识。全书共分七个项目,包括认识 Web 前端开发、Web 前端页面结构搭建、Web 前端页面美化、响应式 Web 页面移动端设计、Web 前端页面交互效果设计、微信小程序开发、Web 前端新技术等。

本书适合作为高等职业院校计算机及相关专业 Web 前端开发方向课程的实训教材,也适合作为《Web 前端开发职业技能等级标准》的实践参考用书,还可作为对移动 Web 前端开发感兴趣的读者的参考书。

图书在版编目（CIP）数据

Web 前端开发技术项目教程 / 赵恒,邹丽霞,邹香玲主编 .—北京：中国铁道出版社有限公司,2024.3

"十四五"高等职业教育计算机类专业新形态一体化系列教材
ISBN 978-7-113-30484-3

Ⅰ.① W… Ⅱ.①赵… ②邹… ③邹… Ⅲ.①网页制作工具 - 高等职业教育 - 教材 Ⅳ.① TP393.092.2

中国国家版本馆 CIP 数据核字（2024）第 006748 号

书　　名：Web 前端开发技术项目教程
作　　者：赵　恒　邹丽霞　邹香玲

策　　划：韩从付　　　　　　　　　编辑部电话：（010）63549501
责任编辑：贾　星　李学敏
封面设计：高博越
责任校对：刘　畅
责任印制：樊启鹏

出版发行：中国铁道出版社有限公司（100054,北京市西城区右安门西街 8 号）
网　　址：http://www.tdpress.com/51eds/

印　　刷：北京盛通印刷股份有限公司

版　　次：2024 年 3 月第 1 版　2024 年 3 月第 1 次印刷
开　　本：787 mm×1 092 mm　1/16　印张：13.5　字数：327 千
书　　号：ISBN 978-7-113-30484-3
定　　价：46.00 元

版权所有　侵权必究

凡购买铁道版图书,如有印制质量问题,请与本社教材图书营销部联系调换。电话：（010）63550836
打击盗版举报电话：（010）63549461

前 言

　　本书全面贯彻落实党的二十大报告对职业教育发展提出的新的部署要求，依据《国家职业教育改革实施方案》（国发〔2019〕4号）和《职业院校教材管理办法》的精神，秉承立德树人和高职学生职业发展的需求，深化校企融合创设真实项目情境，突出实践技能培养，采用项目任务体例设计全书内容结构。

　　本书内容涵盖了HTML5、CSS3、JavaScript、微信小程序开发相关知识，对接《1+X证书Web前端开发职业技能等级标准》，教材中所有应用技术的项目代码均在主流浏览器中运行通过。

　　本书共分七个项目。前三个项目讲解了Web前端开发技术中开发环境、HTML5和CSS3的相关知识；项目四讲解了Web前端页面在移动端的技术应用；项目五讲解了Web前端交互技术；项目六在Web前端开发的基础上，讲解了微信小程序开发；项目七讲解了在人工智能环境下Web前端技术的相关应用。各项目内容环环相扣，层层递进。

　　本书编写特色如下：

　　1. 校企合作，突出实践。针对学习的重点、难点，学校与河南八六三软件股份有限公司合作，将企业一线真实项目引入教材。遵循学生学习规律，创设学习情景，将项目划分成一个个任务，在完成任务的同时，让学生体验从需求分析、界面设计、页面架构、页面美化到交互效果设计等完整的项目实践过程，从而掌握项目调研、需求分析、UI设计、HTML5、CSS3、JavaScript等企业一线前沿最新技术，实现理论与实践的有机融合。

　　2. 融入课程思政。聚焦学生全面发展，结合时代发展需求，以任务、活动等为载体，拓宽课程时空，设计课后拓展训练模块中国古诗词欣赏网站，使学生在巩固训练的同时接受传统文化的熏陶，打造计算机专业课程"大思政"。

　　3. 对接1+X证书。本书对接《1+X证书Web前端开发职业技能等级标准》证书，围绕岗位技能需求和职业教育改革要求，将《1+X证书Web前端开发初级职业技能标准》融入教材，打造"岗课赛证"融通的学习资源。

　　4. 配套资源丰富。本书包含项目案例资源、PPT课件、微视频等丰富的配套资源，读者可以在中国铁道出版社有限公司教育资源数字化平台

（http://www.tdpress.com/51eds/）下载。

  本书由郑州信息科技职业学院组织编写，由鹤壁职业技术学院、漯河职业技术学院、焦作工贸职业学院和河南八六三软件股份有限公司参与编写。郑州信息科技职业学院赵恒、邹丽霞、邹香玲担任主编；郑州信息科技职业学院贾博文、鹤壁职业技术学院李苗在担任副主编；郑州信息科技职业学院尹立航、张欣宇、焦方方，漯河职业技术学院王鸿飞，焦作工贸职业学院郎沁争参与编写。具体编写分工如下：贾博文、邹香玲共同编写项目一，李苗在编写项目二，张欣宇、赵恒共同编写项目三，焦方方编写项目四，邹丽霞、邹香玲共同编写项目五，尹立航编写项目六，贾博文、邹丽霞共同编写项目七，王鸿飞、郎沁争负责案例的搜集和整理工作。编写成员既有教学经验丰富的一线教师，又有实践经验丰富的企业导师。本书的编写得到了院校和公司领导的大力支持，在此表示感谢。

  由于编者水平有限，书中难免存在不足之处，敬请读者批评和指正。

编 者
2023 年 9 月

目 录

项目一　认识 Web 前端开发 1

　　任务 1.1　初识 Web 前端 3
　　任务 1.2　安装 IDE 7
　　任务 1.3　熟悉开发流程与规范 12
　　拓展训练 17
　　项目小结 19
　　习题 19

**项目二　Web 前端页面结构搭建——好物商城网站首页页面结构
　　　　搭建** 20

　　任务 2.1　学习 HTML 基础知识 23
　　任务 2.2　探究 HTML 常用标签和 Web 标准 27
　　任务 2.3　跟踪 HTML5 37
　　任务 2.4　搭建好物商城首页顶部功能区 42
　　任务 2.5　搭建好物商城首页 banner 区域 44
　　任务 2.6　搭建好物商城首页限时秒杀区域 46
　　任务 2.7　搭建好物商城首页网站栏目区域 48
　　任务 2.8　搭建好物商城首页底部区域 50
　　拓展训练 52
　　项目小结 53
　　习题 53

项目三　Web 前端页面美化——好物商城网站页面美化 54

　　任务 3.1　认识 CSS3 56
　　任务 3.2　实现好物商城网页公共样式 76
　　任务 3.3　头部及导航区域美化 79
　　任务 3.4　轮播快报区域美化 86
　　任务 3.5　限时秒杀区域美化 91
　　任务 3.6　网站栏目区域美化 95
　　任务 3.7　网页底部区域美化 100
　　拓展训练 103
　　项目小结 103
　　习题 104

项目四　响应式 Web 页面移动端设计 105

任务 4.1　了解视口 107
任务 4.2　媒体查询 110
任务 4.3　网页移动端设计 112
拓展训练 114
项目小结 115
习题 115

项目五　Web 前端页面交互效果设计——好物商城网站首页交互效果设计 116

任务 5.1　学习 JavaScript 基础知识 118
任务 5.2　面向对象编程 131
任务 5.3　导航菜单交互效果设计 143
任务 5.4　banner 广告区域交互效果设计 147
拓展训练 152
项目小结 154
习题 154

项目六　微信小程序开发——心灵方舟 - 大学生心理健康服务小程序 155

任务 6.1　初识微信小程序 157
任务 6.2　微信小程序开发环境搭建 162
任务 6.3　心灵方舟小程序开发 170
任务 6.4　心灵方舟小程序部署与上线 183
拓展训练 186
项目小结 186
习题 186

项目七　Web 前端新技术 187

任务 7.1　认识 Web VR 189
任务 7.2　认识数据大屏可视化 194
任务 7.3　认识可视化网页构建器 201
任务 7.4　认识人工智能建站 205
拓展训练 209
项目小结 209
习题 209

项目一
认识 Web 前端开发

重点知识：
- Web 前端
- 安装 IDE
- UI 开发流程与规范
- 设计网站 UI 界面

■ 网页 UI 设计讲究的是排版布局和视觉效果，其目的是给用户提供一种布局合理、视觉效果突出、功能强大、使用便捷的界面。网页 UI 设计以互联网为载体，以互联网技术和数字交互技术为基础、依照客户与消费者的需求，设计以商业宣传为目的的网页，同时遵循设计美感，实现商业目的与功能的统一。

情境创设

刚刚步入大学的小李同学学习了创新创业课程，他在第一节课的时候了解到，国家为了支持大学生创新创业，提供了如免息贷款、税费优惠等优惠政策，加上我国经济不断发展，人民生活不断富裕，于是小李想创业，他首先找到了创新创业课程的任课教师王老师。

小李同学：老师，我想创业，我觉得某些购物网站中选品不严格，任何商家都能够在网站上销售产品，这样不仅容易侵害消费者的合法权益，还会对网站声望产生负面影响，所以我想做一个选品严格的购物网站，这个网站暂时就叫"好物商城"。

王老师：你的想法很好呀，是有一定可行性的。你是计算机应用技术专业的学生，有没有考虑过和专业结合呢？网站能不能自己制作呢？这样是不是又帮你节省了一部分成本。我是创新创业课程的老师，对网站制作不太懂，不过你可以去问问即将给你们上课的高级工程师——张老师，他可是这方面的专家呀！

小李同学：对啊，我可以这样做，那我现在就去找张老师，我要跟他聊聊，老师再见。

学习目标

◎ 了解Web前端开发相关技术及知识。

◎ 掌握HBulider的安装、配置。

◎ 学会使用Chrome浏览器调试观察HTML页面。

◎ 能够进行需求分析，并对网站进行简单的UI设计。

知识导图

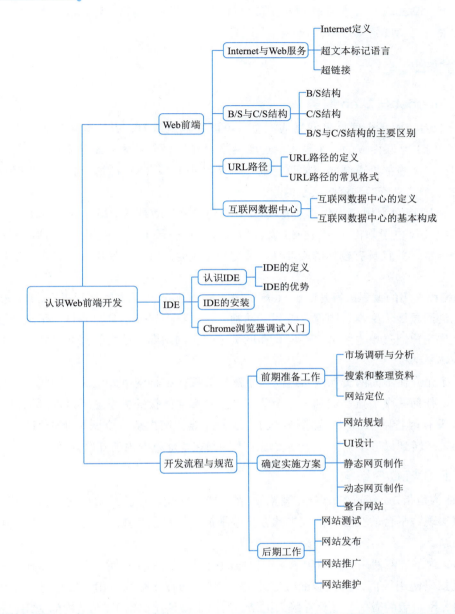

任务1.1 初识 Web 前端

任务描述

小李同学找到了张老师：张老师，我想创业，想做个电商网站，您能教教我吗？

张老师先是有点吃惊，然后和小李同学说：你知道制作一个电商网站需要什么吗？首先，我们要搞清楚什么是Web前端。

任务分析

张老师：Web前端技术在我们的生活中得到了广泛的应用，只要是通过浏览器访问的网页，都使用了Web前端技术。

相关知识

一、Internet 与 Web 服务

微视频
Web前端技术

因特网是全球信息网络的汇总，可以简单地认为，因特网是基于许多小型网络（子网）互联而成的一个更大的逻辑网络，并且每个子网中都连接着多台计算机（主机），这些主机遵循同一协议，通过因特网中的多台路由器实现信息的交流与传递，是一个信息资源和资源共享的集合。

因特网为用户提供多种服务，主要包括WWW或World Wide Web（万维网）、E-mail（电子邮件）、Telnet（文件传输和远程登录）等。由于Web的形式多种多样、资源最为丰富，并且具有较强的交互性，使得Web成为因特网上使用人数最多、应用范围最广泛的服务。

Web编程采用的编程语言是hyper text mark-up language（超文本标记语言，HTML语言），该语言允许网页展示文本、图像、音频、动画、视频等多媒体信息，并且由于超链接机制的引用，允许用户通过单击的形式在网页和网页之间、网站和网站之间来回跳转，最终构成整个因特网体系结构。

超链接允许在不同网页和网站之间产生链接关系，因特网由此生成"网状"结构，在网状结构中，任何一个节点都能和另一个节点产生直接或间接的关系。所以，可以说"没有超链接，就没有因特网"，正因为超链接的出现，才能让用户从一个网站跳转到另一个网站，从一个网页跳转到另一个网页，最终实现了因特网在全球范围内的互联互通。

二、B/S 与 C/S 结构

B/S结构是指Browser/Server（浏览器/服务器）模式，也就是常说的Web应用，其特点是：可以实现跨平台的交互；低成本的客户端维护；但是也存在个性化能力较低、响应速度较慢等问题。

例如，为了方便使用，微信提供了网页版的应用，如图1-1所示，用户可以通过浏览器直接用手机扫码使用微信，网页版的微信即是一个典型的B/S结构应用。但是对于经常使用微信的用户，网页版的微信不能保存聊天记录，所以，微信还提供了C/S结构的应用程序。

C/S结构是指Client/Server（客户端/服务器）模式，又称桌面级应用，这类应用的主要特点是：响应速度快；安全性较强；响应数据速度快。如图1-2所示，在计算机上使用的微信即是一个C/S结构的程序。

B/S结构与C/S结构存在一些区别，具体如下：

1. 硬件环境不同

B/S结构的程序一般运行在广域网之上，并不需要专门的网络环境，所以相对于C/S结构的应用程序，有着更强范围的适应性，并且在访问B/S结构的程序时，也不需要特意安装，

只要通过浏览器就能顺利进行访问。

  C/S结构的程序一般在专用的、小范围的网络环境（局域网）中使用，之后局域网之间再通过服务器提供数据交换服务。

图 1-1   B/S 结构的微信程序

2. 对安全性的要求不同

  如前文所述，B/S结构的程序一般建立在广域网之上，面向的是未知用户，对安全的控制能力较弱。

  C/S结构一般面向的是固定的用户群，特别是某些涉密的程序，一般采用C/S结构，但是使用B/S结构发布信息。

3. 系统维护成本不同

  B/S构件组成的个别更换，实现系统的无缝升级，系统维护开销减到最小，用户从网上自己下载安装就可以实现升级。

  C/S结构的程序由于程序的整体性，在出现问题时或软件迭代与升级时，比较困难，甚至可能需要重新设计一个程序。

图 1-2   C/S 结构的微信程序

  B/S与C/S结构的主要区别见表1-1。

表1-1   B/S 与 C/S 结构的主要区别

对象	B/S	C/S
硬件环境	要有操作系统和浏览器，与操作系统平台无关	用户固定，并且处于相同区域，要求拥有相同的操作系统
客户端要求	客户端的计算机配置要求较低	客户端的计算机配置要求较高
软件安装	可以在任何地方进行操作而不用安装任何专门的软件	每一个客户端都必须安装和配置软件
升级和维护	不必安装及维护	C/S 每一个客户端都要升级程序，可以采用自动升级

三、URL 路径

  在因特网中，每一个信息资源在网页中都有统一的网址，这个地址就是uniform resource

locator（URL，统一资源定位器），它是因特网中的统一资源定位标志。URL一般由资源类型、存放资源的主机域名、资源文件名三部分组成，但有的时候也可以认为由协议、主机、端口、路径四部分组成。

URL的一般语法格式为（带方括号[ ]的为可选项）：

`protocol://hostname[:port]/path/[;parameters][?query]#fragment`

其中，protocol为协议，在URL路径中，用户可以使用多种因特网协议，如超文本传输协议（HTTP）、文件传输协议（file transfer protocol，FTP）和远程登录协议（Telnet协议）等。其中HTTP是Web中使用最广泛的协议，但是由于B/S结构的不安全性，将HTTP与安全套接层（secure socket layer，SSL）协议相结合，可构成一种更加安全的超文本传输协议HTTPS。hostname为主机名，[:port]为端口，path为路径，[;parameters]为参数，[?query]为查询，#fragment为碎片，是指访问网页中的某个部分。

四、互联网数据中心

互联网数据中心（internet data center，IDC）为企业、媒体以及各类网站提供专业化的网络服务管理、网络宽带等服务，是因特网基础资源的重要组成部分。IDC一般配有较为专用的设施，并且配备较为安全的、高速的内外部网络环境、系统化的监控技术和设备维护能力。在此基础上，面向因特网用户提供了整机租用、服务器托管、机房租用、专线接入和网络管理服务等不同层次的服务。

企业可以通过租赁IDC的方式，利用IDC的资源优势，实现低成本地开展网络业务运营服务，降低购买网络硬件服务器和对网络服务器管理的投入，减少前期的资金投入，降低企业业运行风险。

典型的IDC体系包括四个主要部分：服务器系统、电力保障系统、数据传输保障系统以及环境控制系统。

任务实现

Web前端技术是指用于开发网页前端（即用户在浏览器中看到和与之交互的部分）的一系列技术和工具。Web前端技术主要包括以下方面：

（1）HTML：用于定义网页的结构和内容，包括文字、图片、链接等。

（2）CSS（层叠样式表）：用于设置网页的样式和布局，控制字体、颜色、边距等外观属性。

（3）JavaScript：一种脚本语言，用于实现网页的交互和动态效果，包括处理用户输入、修改网页内容和与服务器进行数据交互等。

（4）前端框架：如React、Angular和Vue等，用于简化Web应用的构建和维护，提供组件化开发和状态管理等功能。

（5）AJAX（asynchronous JavaScript and XML）：用于在网页中异步加载数据，实现无须刷新页面的数据交互。

（6）浏览器开发者工具：现代浏览器提供的开发者工具，用于调试和优化前端代码。

（7）响应式设计：使网页在不同设备和屏幕尺寸上呈现良好的技术，确保网页在手机、平板计算机和桌面计算机等设备上都能正常显示。

任务1.2 安装 IDE

任务描述

小李同学听了张老师的讲解，十分兴奋：张老师，我现在就想开始写网站了，我们一般使用什么软件进行网站开发呀？

张老师：我们一般利用IDE进行开发，在本任务中，我们将一起安装IDE，并使用Chrome浏览器进行初步的调试。

任务分析

张老师：网站开发的软件有很多，如Dreamweaver、Sublime Text3以及HBuilder等，这些其实都是IDE，具体什么是IDE，应该如何安装呢？

相关知识

集成开发环境（integrated development environment，IDE）一般包括代码编辑器、编译器、调试器和图形用户界面等工具，是帮助程序开发人员进行程序开发的应用程序，主要集成了代码编写功能、分析功能、编译功能、调试功能。但是IDE指的是一类开发软件或者软件组（集成开发环境），并不是特指某一个软件。

IDE的优点有很多：

（1）节省时间和精力。IDE的使用是为了简化开发的流程，供通过各种工具和资源来帮助开发者进行开发，减少失误，提供捷径。

（2）建立统一标准。程序开发人员可以使用各种软件进行开发，但是如果程序开发人员使用的是同一个开发环境时，就建立了统一的工作标准，并且IDE提供了预设的模板，当不同团队分享代码资源的时候，统一的标准就显得格外重要。

任务实现

一、IDE 的安装

IDE有多种环境可供开发者选择，在这里以Sublime Text 3和HBuilder软件的安装为例进行说明。

1. Sublime Text 3 的安装

Sublime Text 3支持多种编程语言的语法高亮，拥有代码自动完成功能，并且还有代码片段（snippet）的功能，方便程序开发人员将常用的代码进行保存，在需要使用时直接调用。并且Sublime Text 3支持VIM模式，可以使用VIM模式下的大多数命令。Sublime Text 3还支持宏，简单来说，宏就像Photoshop中的动作命令，允许程序开发人员事先录制好自己的操作或命令，之后通过播放的方式，来对已录制的操作或命令

微视频

IDE 的安装

进行重复执行。另外，Sublime Text 3还具有良好的扩展功能以及完全开放给程序开发人员的自定义配置功能，支持强大的多行选择与多行编辑。强大的快捷命令，可以实时搜索到相应的命令、选项、snippet和syntex，按【Enter】键就可以直接执行，减少了查找的步骤，在一定程度上降低了程序开发的时间。Sublime Text 3还有即时文件切换功能，允许程序开发人员随意跳转到文件的任何位置。最后，Sublime Text 3支持多重选择功能，该功能允许页面中存在多个光标，以实现Web的迅速开发。

安装Sublime Text 3的具体步骤如下：

（1）如图1-3所示，进入Sublime Text的官方网站，选择网页界面中的DOWNLOAD FOR MAC或DOWNLOAD FOR WINDOWS按钮，为Mac系统或者Windows系统下载合适的应用程序。

图1-3　进入sublimetext.com下载软件

（2）下载成功后，运行安装程序，显示安装界面，单击Browse按钮，选择安装目录，如图1-4所示，单击Next按钮。

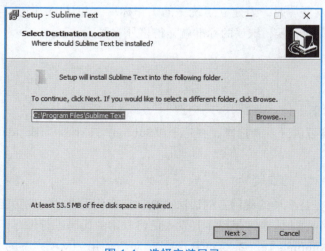

图1-4　选择安装目录

（3）进入图1-5所示界面，选中Add to explorer context menu复选框，单击Next按钮。

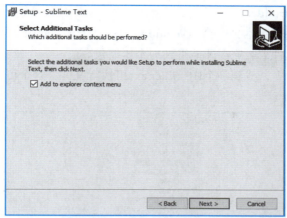

图 1-5　选择 Add to explorer context menu 按钮

（4）如图1-6所示，单击Install按钮，开始安装。

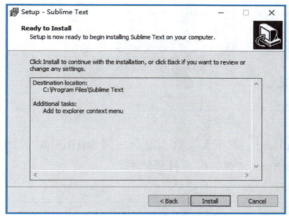

图 1-6　单击 Install 按钮进行安装

（5）如图1-7所示，等进度条完成后，单击Finish按钮完成安装。

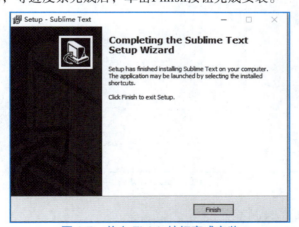

图 1-7　单击 Finish 按钮完成安装

2. HBuilder 的下载

HBuilder是DCloud（数字天堂）推出的一款支持HTML5的Web开发IDE。在HBuilder官

网可以下载最新版的HBuilder。

HBuilder目前有两个版本：一个是Windows版；一个是Mac版。下载时根据自己的计算机选择适合的版本。文件下载完后才能得到一个压缩包。

打开解压后的文件夹，找到一个HBuilder.exe可执行文件，这个可执行文件就是HBuilder的启动文件，如图1-8所示。

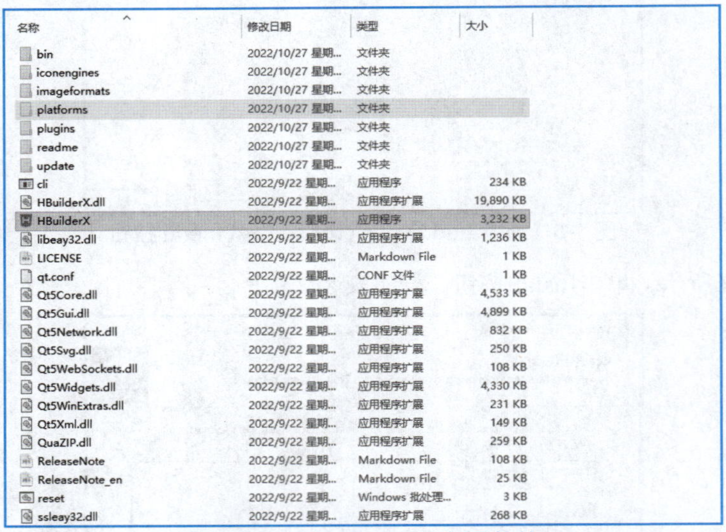

图 1-8　双击 HBuilderX 打开软件

如果想要使用HBuilder，就不需要这么复杂，因为HBuilder无须安装就能够直接使用。在图1-8中双击HBuilderX.exe文件，即可打开使用。

图1-9所示为HBuilder界面。

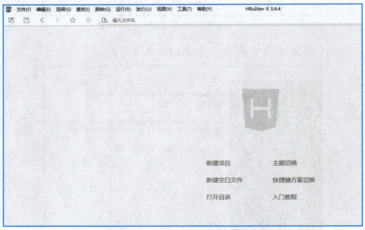

图 1-9　HBuilder 软件界面

二、Chrome 浏览器调试入门

我们需要在编程软件中编写什么样的代码才能完成一个网站的设计呢？可以使用Chrome浏览器来一探究竟。如图1-10所示，可以使用Chrome浏览器打开一个网页，这里以一个古诗词网页为例进行说明。

图 1-10 "古诗词欣赏"首页

之后,按【F12】键进入调试界面,如图1-11所示。

图 1-11 按【F12】键进入调试界面

如图1-12所示,这里可以使用Console标签来观察调试结果。

图 1-12 使用 Console 标签观察调试结果

任务1.3 熟悉开发流程与规范

任务描述

小李同学：张老师，我打算使用HBuilder进行网页制作，现在可以正式开始制作了吧？

张老师：先别急，你知道你想做什么样的页面吗？使用什么样的配色，需要设计什么功能？这些你都想清楚了吗？

小李同学：没……我还没有想清楚。

张老师：所以你先别急呀，我们慢慢来梳理，在真正开始制作网站前，需要做些什么，我们在本任务中，要了解网站开发的工作流程，并且要做成思维导图来梳理。

任务分析

张老师：网站的制作已经逐步系统化、流程化，逐渐变成了一个由网页界面设计、网页制作、数据库开发和动态应用程序编写格式外观等一系列工作构成的系统工程。

任务实现

一、前期准备工作

在进行网站建设前，需要进行市场的调研与分析，并且搜集各种信息和数据，为项目提供较强的数据支持以及决策依据，对用户进行调研，分析网站为谁开发，针对什么样的痛点，需要设计什么样的功能。

1. 市场调研与分析

市场调研与分析不仅仅包括用户的需求分析，还包括企业自身情况分析和竞争对手情况的调查与分析。任何一个网站想要在激烈的市场竞争中求得生存，必须得到用户的认可。所以，要明确网站针对的用户群是哪些人，这些人的真实需求是什么，充分挖掘用户表面的和潜在的、抽象的和具体的需求，明确用户是如何获取信息的，如用户获取信息的信息量、信息源、信息内容、信息表达方式和信息反馈等。只有这样，网站才能够为用户提供时效性最强、真实性最强以及价值性最强的信息。

另外，从互联网平台建设的角度来说，对企业和自身的情况进行分析和测评，就是为了能够了解企业向用户提供什么样的产品、什么样的服务、产品和服务的业务流程是什么，企业是否有其他可用的资源等。并且，在产品的销售渠道上有什么差异，是适合网络销售还是适合线下实体店销售，所以必须要明确企业的产品和服务哪些以网络形式提供，哪些以线下方式提供。

还可以通过互联网或者其他市场调研分析手段了解竞争对手的情况，进行竞品分析，了解同行业中的企业是否建立了网站，提供了哪些信息服务，这些信息服务有哪些优点和缺点，做到"人无我有，人有我优"，确定建设企业网站能否做到对企业产品进行整合和对产品销售渠道进行扩充，能否为提高企业利润、降低成本发挥作用。

2. 收集和整理资料

网站建设离不开收集和整理素材，从素材的内容形式上看，主要包括文字资料、图片资料、动画资料、视频资料以及音频资料等；从素材的内容上看，主要包括企业基本情况概述、企业提供产品/服务概述、产品/服务的分类、企业新闻、行业新闻、企业联系方式等，应当尽量完整且全面。另外，从方便后期使用的角度出发，尽量以电子资料取代纸质资料。资料的收集和整理不是一蹴而就的，而是个系统的、长期的过程，在进行网站开发或建设前，就应当搜集相关资料，在网站建设的过程中，更应当对资料进行进一步的完善和补充，不断丰富网站的资料内容。

小李同学：张老师，这个我已经事先调研过了，在现在这个"大众创业，万众创新"的时代，人们对商品品质的要求在逐步升高，所以在我调查后，感觉这个项目是可行的。

3. 网站定位

在市场分析和调研以及资料搜集过后，就应当确定网站的定位，初步确定网站的大致内容、面向的目标客户人群、页面结构设计的基调以及基本技术架构。网站基本由文本、图像、音频、视频及动画多媒体信息组成，这些信息直接影响着网站页面创意设计布局以及技术架构的确定，也影响着网站是否受欢迎。在市场调查和分析的基础上，企业对页面创意设计的风格和颜色基调要有一个基本设想，对网站的栏目设置、页面结构、页面创意设计要做到心中有数。企业还要考虑是只做进行展示的静态网站，还是制作有实际逻辑功能和数据库的动态网站；是制作大规模的网站，还是制作小规模的网站；采用什么样的技术架构，这些都将决定网站制作和维护的成本，是企业必须关注的问题。

小李同学：我要做电商类的网站，面向高端市场，但是对于网站的设计布局、栏目设置这些还没有好的想法。

张老师：没关系的，设计布局我们会在后面的网站的UI设计中进行讲解，但是网站的栏目设置，这个是你要重点考虑的。

二、确定实施方案

在实际实施方案的过程中，企业应当根据前期准备工作，具体规划网站的栏目、布局、页面设计风格和外观效果，从而确定网站建设的各种技术，并完成网站的制作。

1. 网站规划

网站规划实际上是网站定位的后续工作，网站定位实际是网站规划的基础和前提，网站规划可以全面落实网站定位，网站规划越详细，实施方案在制作的时候就会越规范。

无论是静态还是动态网站的设计和开发，都需要明确开发网站的软硬件环境、网站的内容、栏目和布局，栏目和内容之间的连接关系，页面创意的风格，色彩的搭配，网站UI界面的交互性，网站的功能性等。如果选择建立动态网站，还要在动态网站的基础上考虑数据库的建立和Web应用技术，以及脚本编程语言的选择等方面。

另外，企业还应当根据自身网站项目规划来制作甘特图（时间进度表），以便根据时间进度表来监督和协调后续的工作。

张老师：在这里，就是我们之前说的规划，你要想清楚你的网站有几个页面，需要实现什么样的功能。

小李同学：好的，张老师，无论是什么网站一定要有个首页吧？然后我的网站是购物网站，那肯定还要有购物车什么的，还有……

张老师微微一笑：那你的网站打算叫什么呢？

小李同学突然愣住了：老师，明天我再来找您，先给您看看我首页的详细规划！

第二天，小李同学带来了首页的详细规划，见表1-2。

表1-2 购物网站首页规划表

项 目	项目说明
网站名称及Logo	"好物商城Shopping.com"
注册/登录模块	网站新用户注册及老用户登录
搜索模块	方便用户在网站中搜索自己想要购买的产品
分类模块	方便用户在网站中按照产品的模糊分类进行搜索
轮播图模块	方便用户查看网站活动（需要实现多图轮播）
限时秒杀模块	展示网站中的热门秒杀商品或热门折扣
热门商品模块	展示网站中热卖产品，分为：家用电器、手机通信、计算机办公及家居家具
好物商城模块	展示网站中的通知公告信息
友情链接等模块	位于页面底端，展示购物指南、配送方式、特色服务等

张老师看了看小李同学的首页规划，感觉做得很详细，于是鼓励他按照这样的模式，将其他网页也分析出来。

2. UI设计

现在的网站不只注重数据库设计的合理性，还需要注重网站界面的创意和艺术效果的设计，特别是一些提供个性化服务的网站、一些提供时尚类商品和服务的网站以及一些艺术类的网站等，都特别需要注重网站页面的视觉设计效果，以展示独特的、优美的、有创意的企业形象。

视频展示的方式虽然更容易调动人们的感官，但是考虑部分低带宽的用户，通常网站使用图形图像类来进行页面设计。要求对页面中的颜色、网页界面设计中元素的布局进行排列、组合，最终形成静态页面的设计效果。在确定页面的设计效果后，可以使用Photoshop、Pxcook等软件对界面进行切片。

张老师：UI设计不仅指的是页面的美化和美观程度，还包括了用户的交互，所谓的交互就是用户单击了网站，网站会给用户什么样的回应，我们一般使用JavaScript和jQuery来编程实现。

3. 静态网页制作

如果网站对用户数据量要求较少，或对用户的交互要求较低时，可以考虑使用静态页面的方式进行信息展示。静态页面在技术实现上相对简单，比如各种页面布局方式（包括早期的Table布局、框架布局以及Div+CSS的方式等）、模板和库技术，以及各种导航条的设计和制作等。

张老师：所谓静态页面就是不连接数据库，我们做出来的页面都是"假"的，没有注册、登录或者网站后台更新维护等功能。那什么是"真"的网页呢？我们来看动态页面制作。

4. 动态网页制作

在部分中大型网站中，静态页面的制作方式不能够满足网站的交互需要，这个时候就要采用动态网页技术制作网页，动态网页更多关注的是Web应用技术、数据库技术以及前端、后台网页设计。

较为小型的网站可以使用ASP技术进行动态页面设计，但是对于中大型网站，一般采用ASP.NET技术进行开发，以获得更高的安全性和可靠性。动态页面的开发和制作不仅仅包括ASP和ASP.NET，还可以使用JSP技术或PHP技术等。

在动态页面的数据库选择上，要考虑数据规模、操作系统以及Web应用技术等因素。较为小型的动态页面可以采用Access数据库，稍微大型的动态页面可以采用SQL Server数据库，如果更大型的动态页面可以采用Oracle数据库，除此之外，较为常用的数据库还有MySQL数据库等。

前端的网页设计更加关注用户的需求和感受，前端页面是实现网站和页面交互的场所。在真实的网站开发流程中，可以优先制作静态页面，确定页面的功能，之后再编写后端的逻辑代码和连接数据库，完成动态页面的制作。后端的网页设计更加侧重于满足系统的管理和维护系统的需要，主要包括数据库开发、数据表编写以及各种管理和控制程序的编程等。

张老师：动态页面就是要连接数据库，用户注册或者购买商品的信息要写入数据库，使得网站变得更为完整，甚至像你做的这个购物网站，还可以结合一定的大数据技术和人工智能技术，为用户产生推荐，也就是我们常说的个性化推荐算法，方便用户购买，让用户产生黏性，从而提升整个网站的转化率。

5. 整合网站

网页设计的工作是设计网页，多个网页并不能直接称为网站，需要进行规划和整合。在整合的过程中，需要对各个部分以及整合后的系统进行检查，若发现问题，需要及时进行调整和修改。

三、后期工作

网站建成之后，还需要完成一系列的网站测试、网站发布、网站推广和网站维护等后期工作。网站后期工作进展是否顺利，网站完成的是否到位，会直接影响网站设计各种功能的实现，影响用户对网站的认知、满意度，最终将影响企业的盈利情况和发展空间。

1. 网站测试

网站测试主要包括测试网站运行的每个页面和程序，对于测试网站而言，兼容性测试和超链接测试是必选的测试内容。

兼容性测试是为了测试网站的兼容性，保证网站在不同的操作系统和浏览器环境下运行的情况一致，不会出现在不同浏览器和操作系统上展示效果不同的情况。超链接测试是为了确保网站的内部链接和外部链接的源端和目标端一致。

另外，除了兼容性测试和超链接测试外，对于动态网站而言，还需要测试每段程序代码是否能够实现相应的功能，特别是在数据库的测试以及安全性的测试上。数据库的测试主要检查在极端的数据情况下，数据是否能够进行正常的读取。安全性的测试主要检查管理的权限是否能被他人攻破，防止管理员权限被他人获取。

张老师：网站测试也是十分重要的一环，如果网站的安全性没有通过测试，网站上的用户数据遭到了泄露，用户肯定觉得不安全，更不敢在你的网站上购买商品，你不就要"倒闭"了。

2. 网站发布

网站测试完成后，就可以将网站发布到互联网上供用户浏览。目前，大多数的ISP（internet service provider，互联网服务提供商）公司都向广大用户提供了域名申请、有偿或免费的服务器空间等其他配套服务。

网站发布的步骤主要包括域名申请、服务器空间申请和网站内容上传。

（1）域名申请。企业一般需要申请一个或者多个域名，域名应当简单易记，最好与企业和品牌名称相关，或者与企业Logo保持一致性。

（2）根据企业网站的规模和需求，可以向ISP公司申请服务器空间，如果是非商业化的网站，可以申请免费的服务器空间，大小从几兆字节到几百兆字节不等；如果是小型的企业，可以申请小而精的服务器空间，从几百兆字节到几千兆字节，甚至更多。

（3）设置远程站点。为了能够方便网站的调整与维护，可以使远程站点与本地站点保持同步。Web开发中提供了多种多样的方式，其中最为便捷的就是FTP。

（4）将网站内容上传到服务器中，一般地，第一次要上传整个站点内容，在以后更新网站内容时，只需要上传更新的文件即可。

3. 网站推广

网站推广的目的是增加网站浏览量，让更多的用户浏览网站，了解网站所提供的产品和服务。常用的网站推广方式有很多，主要包括注册搜索引擎、使用网站友情链接，以及论坛、博客和电子邮件等方式。其中，注册搜索引擎是吸引流量最行之有效的方法。可以允许用户在搜索引擎（如百度、360等）中主动注册网站的搜索信息，以便进行迅速推广。

另外，"同行互推"也是在网站中进行引流的重要方式之一，如在网站的最下方增加友情链接，如在相关网站中发布自己网站的引流信息，这种方式是最低成本的网站推广方式。

张老师：网站的推广实际上是网站营销的一个重要环节，只有网站被更多的用户浏览，被更多的用户知道，才会有更多的流量，在大量的流量基础上，用户才会产生更多的购买行为，才能让企业盈利，才能让企业的网站更好地运营下去。当然，一个网站不仅仅是营销做得好就够了，更多的是网站界面的UI要符合用户习惯，注重用户的体验。现在的购物网站那么多，只有你的网站能够让用户用得舒服，才能让你的网站更受欢迎。

4. 网站维护

时代是不断发展的，网站的内容是要不断更新的，网站内容要跟着时代的变化而不断变化，要不断调整，不断"刺激"用户，给用户新鲜感。所以，在日常维护中，应经常更新网站栏目（如行业新闻等），以及添加一些活动窗（如节日寄语等）。

但是，网站的维护也不是简简单单在原有基础上进行维护即可，有时候，特别是网站发布时间较长后，设计和布局跟不上主流趋势后，应当对网站的设计风格、颜色、布局、栏目设计等进行"大变革式"的改版，但是在改版的时候也需要注意，既要让用户感觉到积极的变化，又不能让用户产生陌生感。

　　张老师：你的商品一定要与时俱进，保证能够满足不断变化的用户需求，你需要在网站中不断加入新鲜的产品，加入新产品或开展新活动的过程，实际上就是网站的后期维护。

　　张老师：现在你可以和团队中负责UI设计的同学沟通，先设计图1-13所示UI页面布局，后面再用HBuilder搭建网页。

图 1-13　好物商城网站 UI 设计

拓展训练

　　张老师：小李同学，你做的网页UI很好，我国古代诗词名家辈出，李白、杜甫、白居易、辛弃疾、苏轼等著名诗人,都在诗词创作方面取得了卓越的成就。他们的作品具有很高的艺术价值和历史价值,成为了中华文化宝库中的瑰宝。我国传统诗词的题材广泛,内容丰富。它们描绘了壮丽的山川景色,抒发了诗人的豪情壮志,展示了人们的喜怒哀乐。诗词中充满了对自然、人生、历史、社会的思考和感悟,体现了人们的审美观念、道德观念和哲学思想。诗词的形式也多种多样,包括五言诗、七言诗、词、曲等。这些形式各具特色,既丰富了诗词的表现手法,又为人们提供了更加多样化的审美体验。

你能不能参考图1-14,制作一个中国古诗词欣赏网站,让我们共同欣赏和学习这些优秀的诗词作品,感受中华文化的博大精深,为建设更加美好的社会贡献自己的力量?

小李同学:好的,老师,没有问题。

图1-14 中国古诗词欣赏 Web UI 界面设计

项目小结

在本项目中,设计了不同任务来学习Web前端的相关知识,安装IDE,配置Web编程环境,熟悉Web前端开发的流程与规范,为读者能够按照行业标准化流程开发网站奠定基础。

习 题

1. 简述Web开发的流程。
2. 简述静态页面布局的布局方式。

项目二
Web 前端页面结构搭建
——好物商城网站首页页面结构搭建

重点知识：
- HTML 基本语法
- HTML 常用标签
- Web 标准化布局标签
- HTML5 新增属性和标签
- 搭建好物商城首页页面结构

■ HTML 是用来描述网页的一种语言，是一种超文本标记语言。网页其实就是 HTML 文件，HTML 文件的扩展名是 .html。一个 HTML 文件不仅包含文本、图片、声音等内容，还包含有大量的 HTML 标签，通过这些 HTML 标签实现对网页中的文本、图片、声音等内容的描述，Web 浏览器解析这些标签后，就可以将网页页面显示出来。

情境创设

通过项目一Web项目设计,小李同学了解了Web前端开发相关技术及知识;能够顺利安装配置HBulider;学会了使用Chrome浏览器调试观察HTML页面;并对自己产品销售网站进行需求分析,设计出网站的主页和二级页面的效果图。小李同学感觉信心满满,十分急切地去找张老师。

小李同学:老师,通过对网站的需求分析,我用Photoshop设计了网站的主页和二级页面的效果图。

张老师:我看看。嗯,不错。整个页面分为头部、导航、Banner、商品展示区,商品展示区分为品牌旗舰、商场同款、购物中心、闪购、主题活动,最下面是底部。页面结构合理,内容丰富。

小李同学:老师,我急切想用网页技术实现这个页面。让我的网站早日与用户见面。

张老师:网页效果图有了,素材也都准备好了,我们就可以开始制作网页页面了。现在网页制作的标准技术是DIV+CSS+JS。首先,需要用HTML标签搭建页面结构。

小李同学:老师,HTML标签是什么呀?

张老师:老师这就给你一一道来。

学习目标

◎ 了解HTML语言。
◎ 了解网页基本信息。
◎ 掌握HTML语言的基本结构和语法。
◎ 掌握HTML常用标签。
◎ 掌握按照Web标准技术搭建网页页面的方法。

知识导图

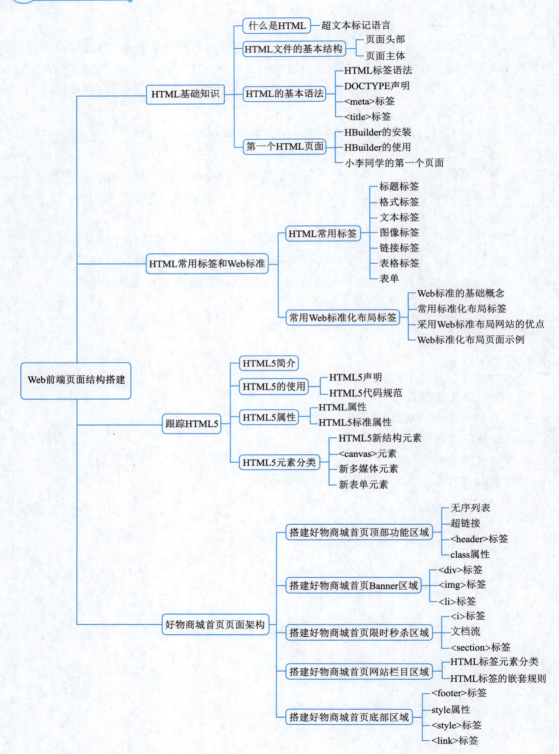

任务 2.1 学习 HTML 基础知识

任务描述

张老师：在互联网高速发展的今天，我们的工作、生活、学习都离不开网络。用浏览器浏览网页是获取信息的主要方式。这里网页又称Web页，一般在网页上有文字、图像，复杂的网页上还有声音、动画、视频等。每一个网页就是一个HTML文件，它可以通过浏览器来解析。

小李同学：张老师，我明白了。制作好物商城网站页面实际上就是编写HTML文件，那HTML是什么啊？怎样编写HTML文件？

任务分析

张老师：HTML是用来描述网页的一种语言，但它不是编程语言。HTML严格说是一种标记语言，它包含大量的标签，就是我们所说的HTML标签，通过这些标签来布局网页页面。

小李同学：老师，我看到过一些页面的源文件，里面有<html><head><body><a><img>等，这些就是HTML标签吧？

张老师：小李真用心，是的。HTML文件是有自己的结构和编写规范的。咱们现在就学习HTML。

任务实现

一、什么是 HTML

HTML是一种用来描述网页的超文本标记语言。网页其实就是HTML文件，HTML文件的扩展名是.html。一个HTML文件不仅包含文本、图片、声音等内容，还包含大量的HTML标签，比如<html></html>、<head></head>、<title></title>、<body></body>等。通过这些HTML标签实现对网页中的文本、图片、声音等内容的描述，浏览器解析这些标签后，就可以将网页页面显示出来。

HTML是标记语言，不是编程语言。标记语言是一套标记标签（markup tag）。HTML使用标记标签来描述网页，一个HTML文档包含了HTML标签及文本内容，HTML文档也叫作Web页面。

二、HTML 文件的基本结构

一个完整的HTML文件的基本结构分为两部分：页面头部和页面主体。

例 2.1 HTML基本结构示例。

```
<html>
    <head>
        页面头部
    </head>
    <body>
```

```
    页面主体
  </body>
</html>
```

<html>元素是HTML页面的根元素。

<head>元素包含了当前文档的元数据。在<head>元素中，会包含<title> <style> <meta> <link> <script>等标签，描述了当前文档的各种属性和信息。

<body>元素位于head元素之后，包含了当前文档可见的页面内容。

三、HTML 的基本语法

编写HTML文件时，要遵循HTML的语法规则。

1. HTML 标签语法

HTML标签是由尖括号包围的关键词，比如<html>，HTML 标签通常是成对出现的，比如和。标签对中的第一个标签是开始标签，第二个标签是结束标签。开始和结束标签也被称为开放标签和闭合标签。

大多数HTML标签的语法是：<标签>内容</标签>。

例 2.2 标签基本语法示例。

```
<p>这是一个段落。</p>
```

但也有一些标签是单独存在的，这些标签称为空标签，其语法是：<标签 />。

例 2.3 空标签语法示例。

```
这里将换行。<br />
```

2. DOCTYPE 声明

Web世界中存在许多不同的文档，只有了解文档的类型，浏览器才能正确显示文档。<!DOCTYPE>是标准通用标记语言的文档类型声明，有助于在浏览器中正确地显示网页。

DOCTYPE声明是不区分大小写的，以下方式均可使用：

```
<!DOCTYPE html>
<!DOCTYPE HTML>
<!doctype html>
<!Doctype Html>
```

<!DOCTYPE>声明必须位于HTML文档的第一行。<!DOCTYPE>声明不是HTML标签，它只是为浏览器提供声明信息，表明 HTML的版本。

3. <meta> 标签

<meta>标签是用来描述网页具体的摘要信息，包括文档内容类型、字符编码信息、搜索关键字、网站提供的功能和服务的详细描述等。这些信息不会显示在页面上，但是对于浏览器来说是可读的，其目的是方便浏览器解析或利于搜索引擎搜索。

<meta>标签始终位于<head>标签中。<meta>标签利用name和content属性描述页面的内容。<meta>标签中charset属性声明字符编码类型。一些搜索引擎会利用<meta>标签的name和

content属性来索引页面。

 例 2.4 <meta>标签示例。

```
<meta name="author" content="www.w3cschool.cn"/>
<meta name="description" content="A simple example"/>
<meta charset="utf-8"/>
<meta name="keywords" content="HTML, CSS, XML" />
```

4．<title> 标签

<title>标签定义了不同文档的标题。<title>标签在HTML文档中是必需的。<title>标签定义了浏览器工具栏的标题。

 例 2.5 <title>标签示例。

```
<title>页面标题</title>
```

小李同学听了张老师的讲解，摩拳擦掌：张老师，我明白了。我现在就去编写我的第一个页面。

微视频

第一个 HTML 页面

四、第一个 HTML 页面

1．HBuilder 的使用

为了方便使用，可将图2-1所示的HBuilder.exe执行文件发送到桌面作为快捷方式，这样每次使用时直接在桌面双击就可以打开。

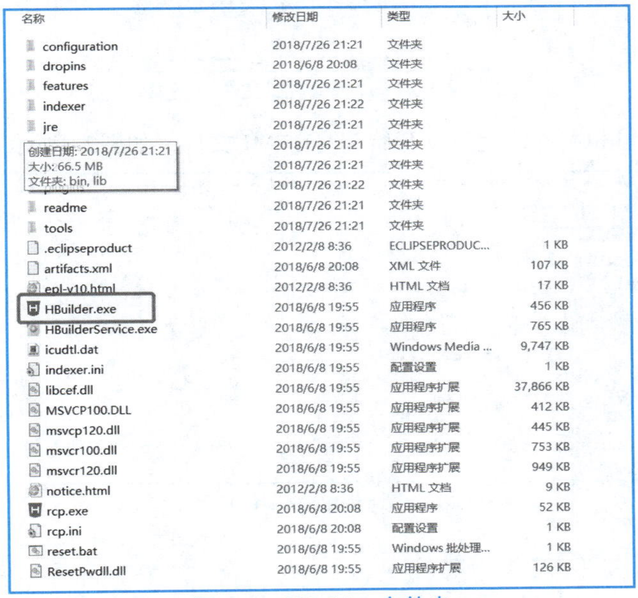

图 2-1　HBuilder 文件夹

HBuilder打开之后，新建Web项目。具体步骤如下：

（1）依次单击"文件"→"新建"→"选择Web项目"命令，打开图2-2所示的"新建项目"界面。选择"基本HTML项目"，然后通过"浏览"按钮设置项目路径，并输入项目名称，单击"创建"按钮，即可完成项目的创建。

图 2-2 新建项目

（2）创建项目后，会有"HBuilder的使用"文件夹，里面有首页index.html、js文件夹、css文件夹和img文件夹，如图2-3所示。

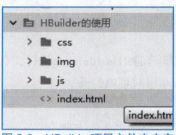

图 2-3 HBuilde 项目文件夹内容

（3）打开index.html文件，就可以开始编写HTML文件，如图2-4所示。

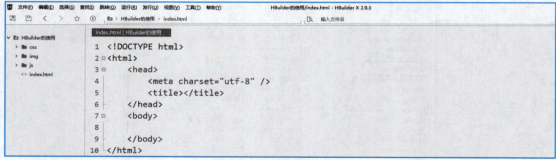

图 2-4 HBuilder 编写文件

2. 小李同学编写的第一个页面

例 2.6 第一个页面示例。

```
<!DOCTYPE html>
<html>
<head>
<meta name="author" content="小李" charset="utf-8"/>
```

```
<title>小李的主页</title>
</head>
<body>
这是小李的第一个网页。
</body>
</html>
```

浏览器预览结果如图2-5所示。

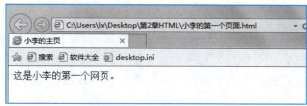

图 2-5　小李同学的第一个页面

张老师总结到：

DOCTYPE声明了文档的类型。

<html>标签是HTML页面的根元素，该标签的结束标志为</html>。

<head>标签包含了文档的元数据（meta），对于中文网页需要使用<meta charset="utf-8">声明编码，否则会出现乱码。

<title>标签定义文档的标题。

<body>标签定义文档的主体，即网页可见的页面内容，该标签的结束标志为</body>。

在书写HTML标签时，一定要注意关闭中文输入状态，特别是输入尖括号时，有些中文输入法输入的尖括号与英文输入状态下很相似，所以在输入时要特别留意。

如果在浏览器中看不到任何信息，先确定编辑的文档是否保存，然后检查当前编译的文档与浏览器中预览的页面是否为同一个页面，最后再确定代码中</title>结束标签是否书写正确或者漏写。

任务2.2 探究 HTML 常用标签和 Web 标准

任务描述

小李同学：老师，<body>标签中的内容会显示在浏览器中。如何让我的网页页面内容丰富呢？我想在网页中显示标题、文本段落、图像、超链接等。

任务分析

张老师：这就需要学习HTML标签。在网页中显示标题，需要用HTML标题标签；插入图像需要用HTML图像标签；创建超链接需要用HTML超链接标签。接下来，我们就来认识一些常用的HTML标签。

微视频

HTML 常用标签

任务实现

一、HTML 常用标签

HTML标记标签通常称为HTML标签（HTML tag）。HTML 标签是由尖括号包围的关键词，比如<body>。HTML 标签通常是成对出现的。

HTML标签的格式为：<标签>内容</标签>。

1. 标题标签

标题标签表示一段文字的标题或主题，支持多层次的内容结构，标题可以用来呈现文档结构，设置得当的标题有利于用户浏览网页。HTML提供了6级标题，即<h1>～<h6>，每个标题都默认加粗显示，但字体大小不同。一级标题用<h1>表示，字号最大，<h6>字号最小。

例 2.7 标题标签示例。

```
<!DOCTYPE html>
<html lang="en">
<head>
  <meta charset="UTF-8">
  <meta name="viewport" content="width=device-width, initial-scale=1.0">
  <title>标题标签</title>
</head>
<body>
  <h1>一级标题</h1>
  <h2>二级标题</h2>
  <h3>三级标题</h3>
  <h4>四级标题</h4>
  <h5>五级标题</h5>
  <h6>六级标题</h6>
</body>
</html>
```

浏览器预览结果如图2-6所示。

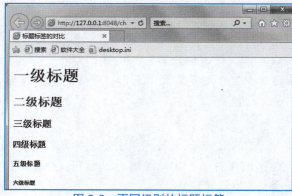

图 2-6　不同级别的标题标签

2. 格式标签

格式标签的主要用途是将HTML文件中的某个区段的文字以特定格式显示，增加文件的可阅读性。常见的格式标签有：

（1）
：强制换行。

（2）<p>…</p>：文字段落。

（3）<dl>…</dl>：定义样式列表。

（4）<dt>…</dt>：定义样式项目对象。

（5）<dd>…</dd>：定义项目描述。

（6）<ul>…</ul>：无编号列表。

（7）<ol>…</ol>：有编号列表。

（8）<li>…</li>：列表项目。

例2.8 格式标签示例。

```
<!DOCTYPE html>
<html>
    <head>
        <meta charset="utf-8">
        <title>格式标签</title>
    </head>
    <body>
        <h1>端午节的由来</h1>
        <p>来源：百度知道</p>
        <dl>
            <dt><a href="#">端午节</a></dt>
            <dd>古人纪年、纪月、纪日、纪时通用天干地支，根据干支历，按十二地支顺序推算，第五个月即"午月"，而午日又为"阳辰"，所以端午也称为"端阳"。</dd>
        </dl>
        <dl>
            <dt><a href="#">天中节</a></dt>
            <dd>仲夏端午苍龙七宿处在正南中天，位置最"正"、最"中"。另，因端午节对于在北回归线及以南地区，太阳在天空位置是一年里最当中。</dd>
        </dl>
    </body>
</html>
```

浏览器中预览效果如图2-7所示。

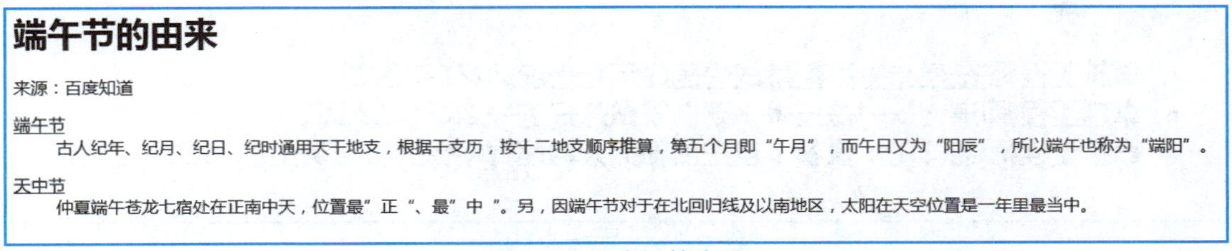

端午节的由来

来源：百度知道

端午节
　　古人纪年、纪月、纪日、纪时通用天干地支，根据干支历，按第五个月即"午月"，而午日又为"阳辰"，所以端午也称为"端阳"。

天中节
　　仲夏端午苍龙七宿处在正南中天，位置最"正"、最"中"。另，因端午节对于在北回归线及以南地区，太阳在天空位置是一年里最当中。

图2-7 格式标签应用

3. 文本标签

文本标签指文字和段落的修饰标签。具体标签如下：

（1）<b>：粗体标签。

（2）<strong>：粗体标签。

（3）<em>：斜体标签。

（4）<s>：删除线标签。

（5）<u>：下划线标签。

（6）<font>：字体标签。

例 2.9 文本标签示例。

```
<!DOCTYPE html>
<html>
    <head>
        <meta charset="utf-8">
        <title>文本标签</title>
    </head>
    <body>
        <strong>
            <font size="4" color="blue">对话科学家</font>
        </strong>
        <ul>
            <li><b>卓越工程师</b>|<u>陆建新：不断挑战中国建筑新高度</u><em>2021-12-22</em></li>
            <li><b>卓越工程师</b>|<s>邢继："做技术，要做就做最好的"</s><em>2021-12-22</em> </li>
            <li><b>卓越工程师</b>|<strong>孟祥飞：执着于自主创新的天河超算平台"一号员工"</strong><em>2021-12-22</em> </li>
        </ul>
    </body>
</html>
```

浏览器中预览效果如图2-8所示。

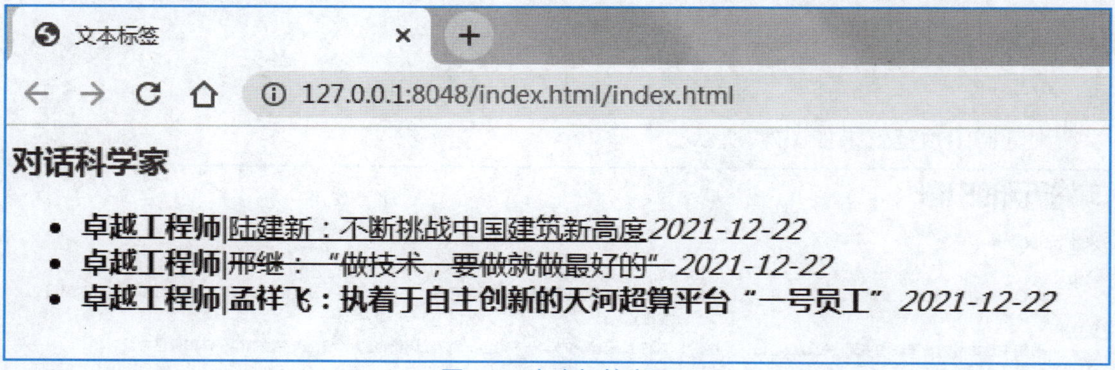

图 2-8　文本标签应用

4. 图像标签

在网页中使用比较多的图像类型是jpg、gif和png。使用图像标签可以定义HTML页面中的图像。图像标签为<img>，属性有：src、alt、title、width、height。其格式如下：

```
<img    src="图片地址"    alt="替换文本说明"    title="鼠标悬停图片提示文字"    width="图片宽度"    height="图片高度" />
```

例 2.10　图像标签示例。

```
<!DOCTYPE html>
<html>
    <head>
        <meta charset="utf-8">
        <title>图像标签</title>
    </head>
    <body>
        <h1>建党精神</h1>
            <img src="img/img1.jpg" width="266" height="177" title="建党精神" alt="建党图片"/>
            <p>一百年前，中国共产党的先驱们创建了中国共产党，形成了坚持真理、坚守理想，践行初心、担当使命，不怕牺牲、英勇斗争，对党忠诚、不负人民的伟大建党精神，这是中国共产党的精神之源。</p>
    </body>
</html>
```

浏览器预览结果如图2-9所示。

图2-9　图像标签应用

小李同学对着计算机正思考呢，张老师走过来，问："怎么了？"

小李同学：张老师，为什么我的图片不能正常显示呀？我写了img标签，也给了图片文件的名称。

张老师笑着说：这是因为图片的位置没有和页面文件放在同一个文件夹下。

小李同学释然了，又问：为什么有的是<img src="E:\img\aimg.png">,有的是<img src="https://www.hbzy.edu.cn/images/logo.png" />，我见到最多的是<img src="./img/img1.

png" />。

张老师：src属性用于指定图像文件的路径和文件名，而图像文件的路径可以用绝对路径或相对路径来表示。绝对路径就网页上的文件或目录在硬盘上的真正路径，或者完整的网络地址。例如，你刚才说的前两种属于绝对路径。相对路径就是相对于当前文件的路径。它没有盘符，是以当前的HTML网页文件为起点，通过层级关系描述目标图像的位置。网页中建议使用相对路径，尽量不用绝对路径。

5. 链接标签

超链接是HTML的灵魂，为HTML提供了信息跳转基础，可以实现在同一网页页面内或不同页面之间信息浏览。超链接标签是<a>，属性有href、target。其格式如下：

```
<a  href="链接地址"  target="窗口打开方式" >链接文本或图像</a>
```

例 2.11 链接标签示例。

```
<!DOCTYPE html>
<html>
    <head>
        <meta charset="utf-8">
        <title>链接标签</title>
    </head>
    <body>
        <h1><a href="#">用学习强国扫码登录</a></h1>
        <img src="img/aimg.png" alt="二维码" title="学习强国" />
    </body>
</html>
```

浏览器预览结果如图2-10所示。

图2-10　超链接标签应用

6. 表格标签

表格由<table>标签定义。每个表格均有若干行（由<tr>标签定义），每行被分隔为若干单元格（由<td>标签定义）。字母td指表格数据（table data），即数据单元格的内容。数据单元格可以包含文本、图片、列表、段落、表单、水平线、表格等。

HTML表格的基本结构：

（1）<table>…</table>：定义表格。

（2）<th>…</th>：定义表格的标题栏（文字加粗）。

（3）<tr>…</tr>：定义表格的行。

（4）<td>…</td>：定义表格的列。

例 2.12　表格标签示例。

```html
<!DOCTYPE html>
    <head>
        <meta charset="utf-8" />
        <title>表格标签</title>
    </head>
    <body>
        <table border="1">
        <tr>
        <td>row 1, cell 1</td>
        <td>row 1, cell 2</td>
        </tr>
        <tr>
        <td>row 2, cell 1</td>
        <td>row 2, cell 2</td>
        </tr>
        </table>
    </body>
</html>
```

浏览器预览结果如图2-11所示。

图2-11　表格应用

7. 表单

表单是网页设计中不可或缺的元素之一，它主要负责数据采集工作。比如，可以通过表单采集访问者的姓名、电话号码等信息，还可以创建调查表、留言簿、注册表等。网页中常见的表单类型有四种：用户登录表单、用户注册表单、搜索表单、跳转菜单。

小李同学：张老师，表单是HTML页面与浏览器客户端实现交互的重要手段。利用表单可以收集客户端提交的有关信息。那在HTML页面中如何制作表单呢？

张老师：这需要用表单标签和表单元素标签。

（1）表单标签。表单是由<form>标签创建的。<from>标签用来限定表单的范围，所有的表单元素都要放到一对<form></form>区域中。在此区域内，单击"提交"按钮时，可以将该表单范围之内的所有数据信息发送到Web服务器。

（2）表单元素标签。表单元素是允许用户在表单中输入内容，比如：文本域（textarea）、下拉列表（select）、单选按钮（radio-buttons）、复选框（checkbox）等，见表2-1。

表 2-1　表单元素

标　签	描　述
<input>	定义输入区域
<select>	定义了下拉选项列表
<option>	定义下拉列表中的选项
<textarea>	定义一个多行的文本输入域
<fieldset>	定义一组相关的表单元素，并使用外框包含起来
<label>	定义 <input> 元素的标签，一般为输入标题
<legend>	定义 <fieldset> 元素的标题

其中<input>标签是表单中最常用的标签之一。常用的<input>标签属性类型见表2-2。

表 2-2　<input> 标签属性

属　性	描　述
text	定义用户可输入文本的单行输入字段
password	定义密码字段。密码字段中的字符会被掩码（显示为星号或原点）
checkbox	定义复选框。复选框允许用户在一定数目中选取一个或多个选项
radio	定义单选按钮。单选按钮允许用户在一定数目中选择一个选项
image	定义图像形式的提交按钮
file	用于文件上传
button	定义可单击的普通按钮。常与 JavaScript 程序结合
submit	定义提交按钮。数据会发送到表单的 action 属性指定的页面

例 2.13　表单示例。

```
<h3>留言簿</h3>
    <small>感谢您的支持！</small>
<form>
    <label for="name">昵称: </label>
    <input type="text" name="name" value="" /><br>
    <label for="sex">性别: </label>
    <input type="radio" name="sex" />男
    <input type="radio" name="sex" />女<br>
    <label for="img">上传头像: </label>
    <input type="file" name="img" /><br>
    <label for="hobby">爱好: </label>
    <input type="checkbox" name="hobby" />读书
    <input type="checkbox" name="hobby" />运动
    <input type="checkbox" name="hobby" />唱歌
    <input type="checkbox" name="hobby" />打代码<br>
    <label for="">留言: </label> <br>
```

```
            <textarea rows="10" cols="50"></textarea><br>
            <button type="button">确定</button><br>
        </form>
```

浏览器预览结果如图2-12所示。

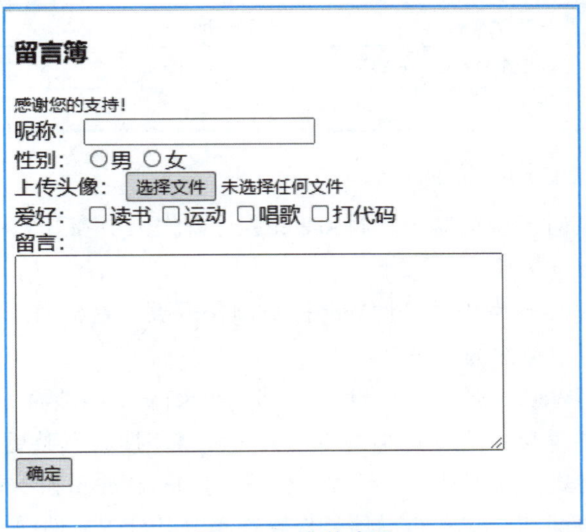

图 2-12 表单应用

小李同学：张老师，通过HTML的常用标签，标签就可以布局HTML页面。在布局页面时，有什么规范和标准吗？

张老师：有啊，这就是Web标准，也有W3C组织制定的一系列网页标准和规范。W3C（world wide web consortium，万维网联盟），又称W3C理事会，是万维网的主要国际标准组织。W3C致力于实现所有的用户都能够对Web加以利用。W3C同时与其他标准化组织协同工作，比如Internet工程工作小组（internet engineering task force）、无线应用协议（WAP）以及Unicode联盟（unicode consortium）。

二、常用 Web 标准化布局标签

1. Web 标准的基础概念

Web标准即网站标准，是由W3C组织制定的，由一系列标准规范组成。Web标准中典型的应用模式是DIV+CSS+JavaScript，即结构（structure）+表现（presentation）+行为（behavior）。结构用于对网页元素进行整理和分类，即DIV。表现用于设置网页元素的版式、颜色、大小等外观样式，即CSS。网页行为及交互的编写，即JavaScript。

Web标准提出最佳方案：结构、表现、行为相分离。可以简单理解为：结构写到HTML文件中，表现写到CSS文件中，行为写到JavaScript文件中。

微视频
常用 Web 标准化布局标签

2. 常用标准化布局标签

常用标准化布局标签见表2-3。

表 2-3 常用标准化布局标签

常 用 标 签	使 用 说 明	常 用 标 签	使 用 说 明
<div>	布局容器	<a>	超链接
<p>	段落	<img>	图像
<span>	没有特殊含义	<h1>~<h6>	标题标签
<ul>,<li>	ul 无序列表；li 列表项	<em> <strong>	强调
<dl>,<dt>,<dd>	定义列表		

3. 采用 Web 标准布局网站的优点

（1）提高兼容性：对于浏览器开发商和Web程序开发人员在开发新的应用程序时遵守指定的标准更有利于Web的发展。

（2）提高开发效率：开发人员按照Web标准制作网页，这样对于开发者来说更加简单，因为他们可以很容易了解彼此的编码。

（3）跨平台：使用Web标准，将确保所有浏览器正确显示网站而无须费时重写。

（4）加快网页解析速度：遵守标准的Web页面可以使搜索引擎更容易访问并收入网页，也更容易转换为其他格式，并更易于访问程序代码（如JavaScript和DOM）。

（5）易于维护：页面的样式和布局信息保存在单独的CSS文件中，如果想改变站点的外观时，仅需要在单独的CSS文件中做出更改即可。

4. Web 标准化布局页面示例

例 2.14 标准化布局页面示例。启动HBuilder，新建Web项目，标准化布局页面，打开index.html，输入如下代码：

```
<div class="container">
    <h2>重阳节的由来</h2>
    <img src="./img/cyj.png" width="200" />
    <div>关于重阳节的起源，最早在《楚辞》《易经》中开始出现重阳的说法......
        <a href="#">详情</a>
    </div >
</div>
```

浏览器预览结果如图2-13所示。

图 2-13 Web 标准化布局应用

任务2.3　跟踪 HTML5

任务描述

小李同学：张老师，2014年10月，万维网联盟宣布，经过接近8年的艰苦努力，HTML5标准规范终于制作完成。HTML5是互联网的下一代标准，被认为是互联网的核心技术之一。HTML5有什么新特性吗？

张老师：当然了。HTML5标准规范的发布与移动端项目的崛起时机不谋而合，HTML5具有开发标准统一、支持多设备跨平台、自适应网页设计、移动优先等性能。对于紧追前沿技术的前端工作者来说，充分了解当前和未来的Web标准和技术是十分必要的。

任务分析

张老师：目前HTML5提供的语义化新元素、视频音频播放、表单、canvas、本地存储等新标准已得到了广泛运用。

任务实现

一、HTML5 简介

HTML5是HTML最新的修订版本，2014年10月由万维网联盟（W3C）完成标准制定。HTML5的设计目的是在移动设备上支持多媒体。

HTML5是第5代超文本标记语言的简称。浏览器通过解码HTML将网页页面显示出来。HTML5具备跨平台性，用户可以轻松地将需推广的内容植入不同的电子设备平台。HTML5可以本地储存，非常适合手机等移动媒体。

HTML5中的一些新特性如下：

（1）拥有用于绘画的canvas元素。
（2）拥有用于媒介回放的video和audio元素。
（3）对本地离线存储有更好的支持。
（4）拥有新的特殊内容元素，比如article、footer、header、nav、section。
（5）拥有新的表单控件，比如calendar、date、time、email、url、search。

微视频
HTML5 的使用

二、HTML5 的使用

1. HTML5 声明

<!DOCTYPE>声明必须位于HTML5文档中的第一行。下面是一个简单的HTML5文档：

```
<!DOCTYPE html>
<html>
  <head>
    <title>文档标题</title>
    <meta charset="utf-8" />
  </head>
```

```
    <body>
      文档内容
    </body>
</html>
```

2. HTML5 代码规范

针对于HTML5，我们应该形成比较好的代码规范，以下提供了几种规范的建议：

（1）使用正确的文档类型。文档类型声明位于 HTML 文档的第一行：

```
<!DOCTYPE html>
```

（2）使用小写元素名。

HTML5元素名推荐使用小写字母。小写使代码看起来更加清爽，且小写字母容易编写。小写元素名示例：

```
<section>
    <p>这是一个段落。</p>
</section>
```

（3）关闭所有 HTML 元素。

在 HTML5中，建议每个元素都要添加关闭标签，关闭标签示例：

```
<header>
    <h2>页面标题区域</h2>
</header>
```

空元素用/关闭，空元素关闭示例：

```
<meta charset="utf-8" />
```

（4）使用小写属性名。

HTML5属性名推荐使用小写字母，小写属性名示例：

```
<div class="menu">
```

（5）属性值使用引号。

如果属性值含有空格需要使用引号，属性值示例：

```
<table class="table striped">
```

（6）图片通常使用 alt 属性。

在图片不能显示时，它能替代图片显示，alt属性示例：

```
<img src="html5.gif" alt="HTML5" style="width:128px;height:128px">
```

同时，定义好图片的尺寸，在加载时可以预留指定空间，减少闪烁。

（7）少用空格。

多空格使用示例：

```
<link rel = "stylesheet" href = "styles.css">
```

推荐减少空格使用，示例：

```
<link rel="stylesheet" href="styles.css">
```

（8）避免一行代码过长。使用 HTML 编辑器，左右滚动代码是不方便的，每行代码尽量少于 80 个字符。

（9）HTML 注释。

注释可以写在 <!-- 和 --> 中，单行注释示例：

```
<!-- 这是注释 -->
```

比较长的注释可以在 <!-- 和 --> 中分行写，多行注释示例：

```
<!--
  这是一个较长注释。这是一个较长注释。这是一个较长注释。
  这是一个较长注释。这是一个较长注释。这是一个较长注释。
-->
```

长注释第一个字符缩进两个空格，更易于阅读。

（10）使用小写文件名。

大多 Web 服务器（如 Apache、UNIX）对大小写敏感：london.jpg 不能通过 London.jpg 访问。其他 Web 服务器（如 Microsoft、IIS）对大小写不敏感：london.jpg 可以通过 London.jpg 或 london.jpg 访问。建议统一使用小写的文件名。

（11）文件扩展名。

HTML 文件扩展名可以是 .html（或 .htm）。CSS 文件扩展名是 .css。JavaScript 文件扩展名是 .js。

三、HTML5 属性

1. HTML 属性

HTML 标签元素可以通过其属性进行配置。例如，以下 HTML 属性示例代码显示了适用于 a 元素的属性：

```
I like <a href="/index.html">CSS</a> and HTML.
```

属性有一个名称和一个值。在上面的代码中，属性的名称是 href。其值为 /index.htm。使用双引号 "/index.htm" 引用属性。

多个属性应用于元素通过用一个或多个空格字符分隔。例如，下面的 HTML 多属性示例代码表示将多个属性添加到 a 元素：

```
I like <a class="myClass" href="/index.html" id="myID">HTML</a> and CSS.
```

属性的顺序并不重要。

2. HTML5 标准属性

HTML5 标准属性见表 2-4。

表 2-4　HTML5 标准属性

属性	描述
accesskey	规定访问元素的键盘快捷键
class	规定元素的类名（用于规定样式表中的类）
contenteditable	规定是否允许用户编辑内容
contextmenu	规定元素的上下文菜单

续表

属性	描述
data-yourvalue	创作者定义的属性。HTML 文档的创作者可以定义他们自己的属性，必须以 "data-" 开头
dir	规定元素中内容的文本方向
draggable	规定是否允许用户拖动元素
hidden	规定该元素是无关的。被隐藏的元素不会显示
id	规定元素的唯一 ID
item	用于组合元素
itemprop	用于组合项目
lang	规定元素中内容的语言代码
spellcheck	规定是否必须对元素进行拼写或语法检查
style	规定元素的行内样式
subject	规定元素对应的项目
tabindex	规定元素的 Tab 键控制次序
title	规定有关元素的额外信息

四、HTML5 元素分类

1. HTML5 新结构元素

HTML5提供了新的语义和结构元素来更加轻松地搭建网页页面结构，见表2-5。

表 2-5 HTML5 新结构元素

标签	描述
\<article>	定义页面独立的内容区域
\<aside>	定义页面的侧边栏内容
\<bdi>	允许设置一段文本，使其脱离其父元素的文本方向设置
\<command>	定义命令按钮，比如单选按钮、复选框或按钮
\<details>	用于描述文档或文档某个部分的细节
\<dialog>	定义对话框，比如提示框
\<summary>	标签包含 details 元素的标题
\<figure>	规定独立的流内容（图像、图表、照片、代码等）
\<figcaption>	定义 \<figure> 元素的标题
\<footer>	定义 section 或 document 的页脚
\<header>	定义文档的头部区域
\<mark>	定义带有记号的文本
\<meter>	定义度量衡。仅用于已知最大和最小值的度量
\<nav>	定义导航链接的部分
\<progress>	定义任何类型的任务的进度
\<ruby>	定义 ruby 注释（中文注音或字符）
\<rt>	定义字符（中文注音或字符）的解释或发音

续表

标　签	描　述
<rp>	在 ruby 注释中使用，定义不支持 ruby 元素的浏览器所显示的内容
<section>	定义文档中的节（section、区段）
<time>	定义日期或时间
<wbr>	规定在文本的何处适合添加换行符

2. <canvas> 元素

<canvas>标签是HTML5中新定义的标签，它是一个画布标签，只是作为一个图形容器，必须使用JavaScript脚本来绘制图形。

例 2.15　<canvas>元素绘制红色矩形示例。

```html
<!DOCTYPE html>
<html>
    <head>
        <meta charset="utf-8">
        <title>canvas画布</title>
    </head>
    <body>
        <canvas id="myCanvas"></canvas>
        <script type="text/javascript">
        var canvas=document.getElementById('myCanvas');
        var ctx=canvas.getContext('2d');
        ctx.fillStyle='#FF0000';
        ctx.fillRect(0,0,80,100);
        </script>
    </body>
</html>
```

3. 新多媒体元素

HTML5新多媒体元素见表2-6。

表2-6　HTML5 新多媒体元素

标　签	描　述
<audio>	定义音频内容
<video>	定义视频（video 或者 movie）
<source>	定义多媒体资源 <video> 和 <audio>
<embed>	定义嵌入的内容，比如插件
<track>	为诸如 <video> 和 <audio> 元素之类的媒介规定外部文本轨道

4. 新表单元素

HTML5新表单元素见表2-7。

表2-7　HTML5 新表单元素

标　签	描　述
<datalist>	定义选项列表。与 input 元素配合使用该元素，来定义 input 可能的值

续表

标签	描述
<keygen>	规定用于表单的密钥对生成器字段
<output>	定义不同类型的输出，比如脚本的输出

任务2.4 搭建好物商城首页顶部功能区

任务描述

小李同学：张老师，我已经熟悉了HTML知识，掌握了网页结构制作的标准技术，我想现在就开始制作好物商城网站。

张老师：好啊，我们就用HBuilder开始建立好物商城网站项目，先从好物商城首页页面开始。

完成顶部功能区结构制作，如图2-14所示。

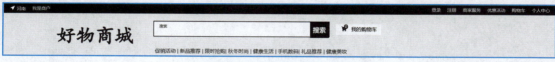

图2-14 顶部导航菜单效果

任务分析

目前大部分商务网站的顶部功能区从上到下由三部分组成：顶部导航菜单、Logo和搜索框、商品导航菜单。

导航菜单对于一个网站是十分重要的。导航栏在网页中通常有两种形式布局：一种是水平导航栏；一种是垂直导航栏。根据导航栏之间的逻辑关系，结合语义化标签，可以发现导航栏最合理的布局方式就是采用无序列表结构。

任务实现

一、无序列表

无序列表中的各个元素在逻辑上没有先后顺序的列表形式。无序列表使用一组<ul>标签，标签中包含很多组<li>标签，其中每一组均为一条列表。

例2.16 好物商城网站首页顶部导航菜单<ul><li>示例。

```
<ul>
    <li>登录</li>
    <li>注册</li>
    <li>商家服务</li>
    <li>优惠活动</li>
    <li>购物车</li>
    <li>个人中心</li>
```

```
</ul>
```

小李同学：张老师，用无序列表布局导航栏，也可以表明这些列表项之间是同等重要的，没有先后之分。如果列表元素之间有顺序就需要用有序列表来布局了。

张老师：小李说得好，你还记得有序列表的HTML标签吗？

小李同学：张老师，有序列表是使用<ol>标签创建，每一个列表项用<li>标签。

张老师：小李，用无序列表布局导航菜单，现在就完成了吗？

小李同学：张老师，不行的。用户单击相应的导航项应该跳转到相应的网页页面才行。

张老师：是的。因此这里需要为每一个列表项的文字添加上超链接。

二、超链接

超链接是指在一个网页中超链接的对象，可以是一段文本或者是一个</ul>图片。一个完整的超链接包括两个部分，即链接的载体和链接的目标地址。超链接使用<a>标签，且必须包含href属性，用来指定链接的目标地址。

例 2.17 好物商城网站首页导航超链接示例。

```
<ul>
    <li><a href="#">河南</a></li>
    <li><a href="#">我是商户</a></li>
</ul>
```

小李同学：张老师，这里"请登录""免费注册"等文本是超链接载体，href属性值为"#"，表示无跳转地址，但是有跳转效果。

张老师：是的。因为我们还没有架构其他页面，这里就先用"#"。

小李同学：老师，我准备在好物商城网站里制作5个页面，分别是首页index.html、列表页list.html、详情页detail.html、登录页logon.html、用户注册页register.html。

三、<header> 标签

HTML5之前的版本中，页面头部一般使用<div class="header"></div>进行布局。HTML5在div元素的基础上新增了header元素，可以直接使用<header></header>布局。这里<header>标签定义页面头部区域，只起语义的作用，没有实际的显示效果。目前大多数浏览器支持<header>标签。

例 2.18 好物商城网站首页顶部功能区域Logo和搜索区域<header>示例。

```
<header class="header w">
    <div class="logo">
        <a href="#" title="好物商城">好物商城</a>
    </div>
    <div class="search-box">
        <input type="text" placeholder="搜索">
        <button type="submit">搜索</button>
    </div>
</header>
```

四、class 属性

class属性用来定义元素的类名。class属性通常用于指向样式表的类，但是它也可以用于JavaScript中（通过HTML DOM），来修改HTML元素的类名。

例2.19 好物商城网站首页顶部功能区域购物车区域class属性示例。

```
        <div class="shopcar">
            <div class="header-cart">
                <svg xmlns="http://www.w3.org/2000/svg" width="16" height="16" fill="currentColor" class="bi bi-cart-dash-fill" viewBox="0 0 16 16">
                    <path d="M.5 1a.5.5 0 0 0 0 1h1.11l.401 1.607 1.498 7.985A.5.5 0 0 0 4 12h1a2 2 0 1 0 4 2 2 0 0 0 0-4h7a2 2 0 1 0 0 4 2 2 0 0 0 0-4h1a.5.5 0 0 0 .491-.408l1.5-8A.5.5 0 0 0 14.5 3H2.89l-.405-1.621A.5.5 0 0 0 2 1H.5zM6 14a1 1 0 1 1-2 0 1 1 0 0 1 2 0zm7 0a1 1 0 1 1-2 0 1 1 0 0 1 2 0zM6.5 7h4a.5.5 0 0 1 0 1h-4a.5.5 0 0 1 0-1z"/>
                </svg>
                <span class="car-title">我的购物车</span>
                <span class="cart-count">0</span>
            </div>
        </div>
```

小李同学：张老师，你看，我已经在首页页面的<body>中布局了顶部功能区。

任务2.5 搭建好物商城首页 banner 区域

任务描述

完成banner结构制作，如图2-15所示。

图2-15 banner效果

任务分析

banner指网页中的横幅广告，又称旗帜，是表现商家广告内容的图片，放置在广告商的网站上，为互联网广告中最基本的广告形式。使用JavaScript等语言赋予banner更强的表现力和交互性，比如banner轮播图。随着大屏幕的显示器出现，banner的表现尺寸越来越大，当前网页中常用的banner尺寸有：760×70、1 000×70等。

好物商城网站首页的banner区域分为左右两部分：左侧为banner轮播；右侧为图片导航。

任务实现

一、<div>标签

<div>标签起分隔作用，常用作布局工具，在DIV+CSS切图布局重构技术中，在HTML中代码布局使用最多的标签是<div>。在Web标准网页制作技术中，<div>标签实际上替代了传统网页制作技术中的<table>标签。<div>标签是块级元素，在页面排版时独占一行。

例2.20 好物商城网站首页banner区域<div>示例。

```
<div class="w">
    <div class="main">
        此处是banner区域
    </div>
</div>
```

小李同学：张老师，这里为什么要用两个<div>呢？

张老师：首先创建一个div，规定宽高，设置超出隐藏，防止里面的div溢出；然后，在div里面创建一个放图片的div（放图片不要设置超出隐藏，div宽度需要和总图片的宽度一致）。

二、<img>标签

<img>标签即图像标签。<img>标签中有src属性（图片路径）、width属性（设置图片宽度）、height属性（设置图片高度）、alt属性（设置图片文字描述，有利于搜索引擎优化因素而使用）、title属性（鼠标指向图片时的提示信息）。

小李同学：张老师，我的banner位置处想做成4张图片的轮播效果，在搭建页面时，应该用4个<img>标签吗？

张老师：是的。<img>标签非常常用，作用就是引入外部图片到HTML中，显示出引入图片内容。使用时注意结构，图片路径正确，宽度、高度要根据实际需要而设置。

例2.21 好物商城网站首页轮播图区域<img>示例。

```
<!-- 左侧banner轮播图 -->
<div class="focus fl">
    <a href="javascript:;" class="arrow_l"></a>
    <a href="javascript:;" class="arrow_r"></a>
    <ul>
        <li>
            <a href="#">
                <img src="upload/focus0.jpg" alt="" id="navjpg">
            </a>
        </li>
        <li>
            <a href="#">
                <img src="upload/focus1.jpg" alt="" id="navjpg">
            </a>
        </li>
```

```html
        <li>
            <a href="#">
                <img src="upload/focus2.jpg" alt="" id="navjpg">
            </a>
        </li>
        <li>
            <a href="#">
                <img src="upload/focus3.jpg" alt="" id="navjpg">
            </a>
        </li>
    </ul>
    <ol class="circle">
    </ol>
</div>
```

三、\<li\> 标签

\<li\>标签定义列表项目。\<li\>标签可用在有序列表（\<ol\>）、无序列表（\<ul\>）和菜单列表（\<menu\>）中。因为不同浏览器对\<ul\>\<li\>、\<ol\>\<li\>标签默认样式是不同的，有的前间隔宽有的窄，有的默认"点"的效果大有的小，这样不便于统一，为了便于网页美观统一，需要重新初始化\<li\>标签CSS样式。

小李同学：张老师，banner轮播图下方的四个图片顺序指示的小圆圈就可以用有序列表\<ol\>\<li\>来布局，然后再用CSS对其重新定义样式？

张老师：你很聪明，\<li\>标签还可以通过JavaScript脚本代码动态添加到页面中。

任务2.6 搭建好物商城首页限时秒杀区域

任务描述

完成限时秒杀区域结构布局，如图2-16所示。

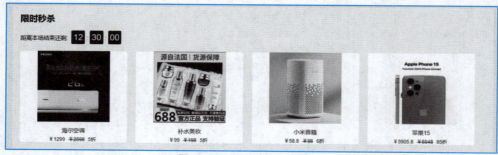

图2-16　限时秒杀区域效果

任务分析

限时秒杀区域从上往下可以分为两部分："秒杀时间"和"秒杀商品"。

"秒杀时间"用一个div布局，里面布局两个div，左侧一个div，布局时钟图片和标题文字。"秒杀商品"用div布局，显示秒杀商品。

任务实现

一、<i> 标签

i是italic的缩写，表示斜体。<i> 标签常被用来表示科技术语、其他语种的成语俗语、想法等。HTML5中可以使用样式表来格式化<i>元素中的文本。与<i>标签类似的语义化标签有：<em>（被强调的文本）、<strong>（重要的文本）、<mark>（被标记的/高亮显示的文本）、<cite>（the title of a work，表示作品名称）、<dfn>（a definition term，表示特殊术语或者短语的定义）等。

例 2.22 好物商城网站首页秒杀服务区<i>示例。

```
<div class="title">
    <h3 class="fl">限时秒杀</h3>
    <a href="#" class="fr tip">
        <i>距离本场结束还剩</i>
    </a>
</div>
```

小李同学：张老师，这段代码显示的效果是"限时秒杀"和"结束时间"不在同一行显示。为什么有的文本独占一行，有的文本却和其他内容在同一行显示呢？

张老师：小李同学观察得十分认真，也有自己的思考。HTML元素在排版布局过程中可以形象地称为"文档流"。

二、文档流

文档流是指HTML元素在排版布局过程中，HTML元素会自动按照从左往右，从上往下的流式排列，最终在每行中按照从左至右的顺序排放元素。根据文档的排列规则，标准文档流由块级元素和内联元素组成。

块级元素和内联元素是HTML规范中的概念。块级元素和内联元素的基本差异是块级元素一般从新行开始，相邻的块级元素在不同行显示。内联元素通常不会以新行开始。具体区别及常用标签见表2-8。

表 2-8 块级元素和内联元素

区 别	块 级 元 素	内 联 元 素
显示效果	总是在新行上开始	和其他元素在同一行
高度调整	高度、行高以及外边距和内边距都可控制	高度不可改变
宽度调整	宽度100%，除非设定一个宽度	宽度就是文字或图片的宽度，不可改变
嵌套规则	它可以填写内联元素和其他块元素	内联元素只能容纳文本或者其他内联元素
常用标签	<div>、<ul>、<li>、<p>、<h1>～<h6>、<ol>、<dl>、<dd>、<dt>、<table>、<form>、<fieldset>等	<i>、<span>、<a>、<img>、<em>、<font>、<input>、<label>、<select>、<strong>、<cite>、<mark>、<dfn>等

三、<section> 标签

<section>标签定义了文档的某个区域,比如章节、头部、底部或者文档的其他区域,通常用作内容的主题分组。<section>标签是HTML5中的新标签。<section>标签和<div>标签不一样,不是用来定义元素容器的,而是用来定义一个明确的主题,通常含有一个标题(h1~h6)。但如果是文章,通常会使用<article>标签来代替。

任务2.7 搭建好物商城首页网站栏目区域

任务描述

完成网站栏目区域结构布局,如图2-17所示。

图 2-17 网站栏目区域效果

任务分析

网站栏目位于网页的中心位置,有效传递网站的主体信息。网站中的栏目一定要以最清晰、最明确、最鲜明的方式呈现在网页中。好物商城网站首页设置了三个网站栏目:热门商品、家居生活、美容护理。这里以"热门商品"栏目为例,典型的网页栏目结构分为上下两部分。上面为标题,下面为内容。即:外层一个div布局整个栏目,内部嵌套两个div。第一个div布局栏目标题,包含中间"家用电器"标题。第二个div布局栏目主体内容,用ul、li及嵌套的ul、div、img来布局。

任务实现

一、HTML 标签元素分类

HTML标签有许多,如<div>、<ul>、<h1>~<h6>、<p>、<a>、<span>、<em>等,这些元素标签按照在网页页面中的排列规则,它们的布局功能是不同的。块级元素一般用来搭建网站结构、布局、承载内容,内联元素主要用在网站内容之中的某些细节或文本划分,用以强调、区分样式、上标、下标等。

小李同学:张老师,<div>是常用的布局元素,在<div>里面还可以再嵌套<div>、<ul>、

<li>也可以放到<div>中，我还见过<li>中嵌套有<ul>。这些标签嵌套使用有什么规则吗？

张老师：当然有了。当页面结构比较复杂时，用HTML标签布局需要注意标签的嵌套规则，否则就容易出错。

二、HTML 标签的嵌套规则

运用HTML标签搭建页面结构时，可以嵌套，但不能随意嵌套。它们的嵌套规则如下：

（1）块级元素可以包含内联元素或某些块元素，但内联元素不能包含块级元素，只能包含其他内联元素。比如：<div><h2></h2><p></p></div>和<a><span></span></a>这些写法是正确的。但是<span><div></div></span>是错误的，因为<span>是内联元素，<div>是块级元素，内联元素不能包含块级元素。

（2）<p>、<h1>~<h6>、<dt>这些标签虽然也是块级元素，但它不能包含块级元素。

（3）<li>标签中可以包含<div>标签。

（4）块级元素与块级元素并列、内联元素与内联元素并列。比如：<div><h2></h2><p></p></div>和<div><a></a><span></span></div>是正确的。<div><h2></h2><span></span></div>是错误的。

例 2.23 好物商城网站首页"热门商品"栏目区标签嵌套示例。

```html
<section class="product-list">
    <h2>热门商品</h2>
    <div class="product-list first">
        <ul>
            <li>
                <img src="img/product1.jpg" alt="商品1">
                <p>海尔空调</p>
                <p>价格：￥2999</p>
            </li>
        </ul>
    </div>
    <div class="product-list second">
        <ul>
            <li>
                <img src="img/product1.jpg" alt="商品1">
                <p>海尔空调</p>
                <p>价格：￥2999</p>
            </li>
            <li>
                <img src="img/product2.jpg" alt="商品2">
                <p>苹果15</p>
                <p>价格：￥6948</p>
            </li>
            <li>
                <img src="img/category2_product3.jpg" alt="商品3">
```

```
            <p>保湿化妆</p>
            <p>价格：￥299</p>
        </li>
        <!-- 添加更多美容护理商品 -->
        <li>
            <img src="img/product3.jpg" alt="商品4">
            <p>会盟洗衣液</p>
            <p>价格：￥67</p>
        </li>
        <li>
            <img src="img/product4.jpg" alt="商品5">
            <p>安慕希</p>
            <p>价格：￥49</p>
        </li>
        <li>
            <img src="img/product5.jpg" alt="商品6">
            <p>MateBook</p>
            <p>价格：￥4399</p>
        </li>
    </ul>
  </div>
</section>
```

任务2.8 搭建好物商城首页底部区域

任务描述

完成网页底部区域结构布局，如图2-18所示。

图2-18 网页底部区域效果

任务分析

完成网页底部区域分为两部分：最上面是服务内容，包含品质保障、低价保障、便捷购物、极速配送、精选之选、物超所值、全球优品；最下面是版权信息，包含版权信息、网站导航、地址、联系方式等。

任务实现

一、<footer> 标签

<footer> 标签定义文档或节的页脚。页脚通常包含文档的作者、版权信息、使用条款链

接、联系信息等。<footer> 标签是 HTML5 中的新标签，也可以使用<div class="footer">。

例 2.24　好物商城网站首页页面底部<footer>标签示例。

```html
<!-- footer start -->
    <footer>
      <div class="footer-content">
          <div class="footer-item">
            <h4>品质保障</h4>
            <p>让您买到放心的好物</p>
          </div>
          <div class="footer-item">
            <h4>低价保障</h4>
            <p>享受最实惠</p>
          </div>
          <div class="footer-item">
            <h4>便捷购物</h4>
            <p>一站式购物</p>
          </div>
          <div class="footer-item">
            <h4>极速配送</h4>
            <p>更加舒适与轻松</p>
          </div>
          <div class="footer-item">
            <h4>精选之选</h4>
            <p>总能找到您想要的那一款</p>
          </div>
          <div class="footer-item">
            <h4>物超所值</h4>
            <p>物有所值，品质无忧</p>
          </div>
          <div class="footer-item">
            <h4>全球优品</h4>
            <p>买遍全球优质商品</p>
          </div>
      </div>
      <div class="footer-links">
        <a href="#">关于我们</a>
        <a href="#">联系我们</a>
        <a href="#">联系客服</a>
        <a href="#">合作招商</a>
        <a href="#">商家帮助</a>
        <a href="#">营销中心</a>
        <a href="#">友情链接</a>
        <a href="#">销售联盟</a>
```

```
        <a href="#">社区自助</a>
        <a href="#">风险监测</a>
        <a href="#">质量公告</a>
        <a href="#">隐私政策</a>
        <a href="#">社区服务</a>
    </div>
  </footer>
<!-- footer end -->
```

小李同学：张老师，好物商城首页页面架构就要完成了。现在页面包含了页面中的所有文字和图片等内容，但是没有样式外观。它怎么被赋予样式啊？

张老师：小李同学问得好，我们页面的主体内容和结构是通过HTML来布局搭建的，样式需要用CSS来控制管理。CSS应用到HTML页面中可以有三种方式：内联样式、内部样式、外部样式表。需要用到style属性、<style>标签和<link>标签。

二、style 属性

style属性是HTML的全局属性。style 属性规定HTML元素的内联样式（inline style）。style 属性将覆盖任何全局的样式设定。

例 2.25 style属性示例。

```
<h1 style="color:blue;text-align:center">这是一个标题</h1>
<p style="color:green">这是一个段落。</p>
```

利用style属性可以实现对HTML元素的精确样式控制，但页面代码和样式没有分离，代码看起来混乱且不易修改，复用率低，所以这种书写方式应当尽量少用。

三、<style> 标签

<style>标签定义HTML文档的样式信息。每个HTML文档能包含多个<style>标签。<style></style>是一对有开始与结束的闭合标签。

例 2.26 <style>标签示例。

```
<style type="text/css">CSS样式</style>
<style type="text/javascript">JS代码</style>
```

四、<link> 标签

<link>标签通常放置在一个网页的头部标签<head>标签内，用于链接外部CSS文件、收藏夹图标等。<link> 标签最常见的用途是链接外部样式表。

例 2.27 <link>标签示例。

```
<link rel="stylesheet" href="css/index.css" />
```

拓展训练

张老师：小李同学，你已经基本掌握了HTML的页面布局技术。你看看图1-14页面效果，应该如何布局？

项目小结

在项目中，设计不同任务来搭建HTML页面文档结构，通过任务实现使读者熟练掌握HTML5常用标签，如基本标签、标题标签、格式标签、文本标签、图像标签、超链接标签等的使用。

习 题

1. HTML的基本标签有哪些？
2. 常用的网页编辑工具和浏览器有哪些？
3. 块级元素和内联元素的区别是什么？
4. HTML标签的嵌套规则是什么？
5. HTML5定义了哪些语义化新元素？
6. HTML5的canvas和VML、SVG的区别是什么？

项目三
Web 前端页面美化
——好物商城网站页面美化

重点知识：
- CSS3 的选择器
- CSS3 的盒子模型
- CSS3 的过渡与渐变
- CSS3 的动画

■ 层叠样式表（cascading style sheets，CSS）是一种用来表现 HTML 或 XML 等文件样式的计算机语言。CSS3 不仅可以静态地修饰网页，还可以配合各种脚本语言动态地对网页各元素进行格式化。

项目三 | Web前端页面美化——好物商城网站页面美化

情境创设

经过向前端高级工程师张老师一个学期HTML5的学习，小李同学逐渐掌握了Web前端页面结构的搭建。小李同学分步完成了页面架构—顶部快捷导航制作—头部区域制作—品类导航区域制作—轮播快报区域制作—今日推荐区域制作—楼层区域制作—以及网页底部区域制作，在运用HTML5搭建了页面结构后，小李同学又陷入了新的苦恼。

小李同学：张老师，我的页面结构已经搭建好了，可是为什么我运行出来的网页，和想象中的完全不一样呢？用手机登录电脑版网页的时候就好像信号不好，没有加载出来一样。

张老师：小李同学，我们运用HTML5编写的只是网页的基本结构和逻辑。这就好像我们造了一辆汽车，已经有了它的基本框架，理论上是可以开走的，但是车外面还没有喷漆，没有各种各样的外部装饰，内饰也没有，这是不是还远远没有完工呢？

小李同学：张老师，那我该如何给框架添加装饰呢？让它看起来和别的网站一样好看！

张老师：这就要说到美化网页的工具了，它就是层叠样式表。

学习目标

◎ 掌握CSS3的选择器的使用。
◎ 掌握CSS3的盒子模型。
◎ 了解CSS3的过渡与渐变。
◎ 掌握CSS3的动画。
◎ 学会用CSS3美化网页。

知识导图

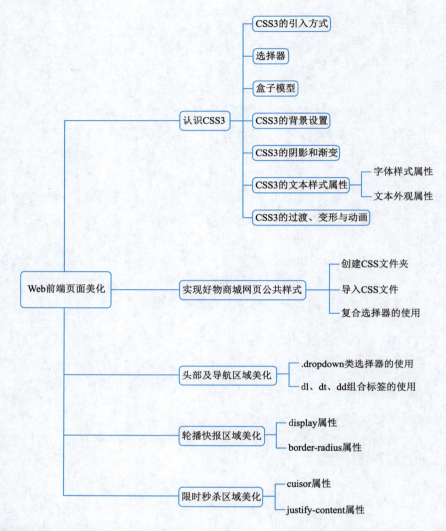

任务 3.1 认识 CSS3

任务描述

小李同学：张老师，根据您上个学期教给我的HTML5知识，我努力了一个暑假，终于把我的网页结构搭建了出来，但是它很乱（见图3-1）。我怎么装饰它？

张老师：网站的美化，就从导航菜单开始，通过导航菜单的美化，去了解CSS3。在导航菜单栏中，我们将认识和学会使用CSS3中大多数的基础性网页美化功能，在美化导航菜单栏的过程中会一一学到，其中的难点是CSS3中的动画与转换，老师将单独用一个2D转换案例来加强CSS3美化网页的熟练度。

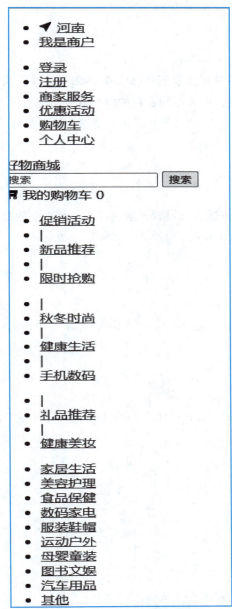

图 3-1　未美化的好物商城网站

任务分析

张老师：CSS是一种用来表现HTML等文件样式的计算机语言。

小李同学：老师，CSS是一种计算机语言呀，那它如何表现样式呢？

张老师：CSS能够对网页中元素位置的排版进行像素级精确控制，支持几乎所有的字体字号样式，拥有对网页对象和模型样式编辑的能力。在主页制作时采用CSS技术，可以有效地对页面的布局、字体、颜色、背景和其他效果实现更加精确的控制。只要对相应的代码做一些简单的修改，就可以改变同一页面的不同部分，或者页数不同的网页的外观和格式。

相关知识

一、CSS3 的引入方式

层叠样式表是一种用来表现HTML或XML等文件样式的计算机语言。CSS3不仅可以静态地修饰网页，还可以配合各种脚本语言动态地对网页各元素进行格式化。

小李同学：老师，CSS层叠样式表怎么嵌入到HTML文件中运行呢？

张老师：可以采用行内式、内嵌式和链入式等三种方式将CSS嵌入到HTML网页文件中。

1. 行内式

行内式是通过标签的style属性来设置元素的样式。行内式的基本语法格式为

```
<标签名 style="属性1:属性值1; 属性2:属性值2; ...">
  内容
</标签名>
```

例 3.1 行内式示例。

```
<p style="color: red; font-size: 24px;">
  文本
</p>
```

2. 内嵌式

内嵌式是将CSS代码集中写在HTML文档的<head>头部标签中，并且用<style>标签定义。内嵌式的基本语法格式为

```
<style>
  选择器 {
    属性1：属性值1;
    属性2：属性值2;
    属性3：属性值3
  }
</style>
```

例 3.2 将例3-1改成内嵌式示例。

```
<style>
  p { color: red; font-size: 24px }
</style>
</p>
```

3. 链入式

链入式是将所有的样式放在一个或多个以.css为扩展名的外部样式表文件中。
<link>标签将外部样式表文件链接到HTML文档中，其基本语法格式为

```
<link href="CSS文件的路径" type="text/css" rel="stylesheet">
```

href定义所链接外部样式表文件的URL，text/css表示链接的外部文件为CSS样式表，

stylesheet表示被链接的文档是一个样式表文件。

小李同学：老师，我明白了，那针对CSS语言，我还需要掌握哪些方面的知识呢？

张老师：CSS语言还包括很多语法和概念，除了我们刚才学习的引入方式之外，还有很多，比如选择器、盒子模型、浮动定位、边框、背景设置、阴影与渐变等，接下来我们都要学习。

二、选择器

要使用CSS对HTML页面中的元素实现一对一、一对多或者多对一的控制，就需要用到CSS选择器。HTML页面中的元素就是通过CSS选择器进行控制的。

CSS中的选择器的种类非常多，并且在CSS3中也新增了一些选择器，使选择器的功能更强大。

微视频

选择器

1. 基本选择器

常用的基本选择器见表3-1。

表3-1 常用的基本选择器

选择器	用法	示例	说明
通用选择器	*	*{}	选择所有元素
标签选择器	元素名称	a{}、body{}、p{}	根据标签选择元素
类选择器	.<类名>	.beam{}	根据class的值选择元素
id选择器	#<id值>	#logo{}	根据id的值选择元素
属性选择器	[<条件>]	[href]{}、[attr="val"]{}	根据属性选择元素
并集选择器	<选择器>,<选择器>	em,strong{}	同时匹配多个选择器，取多个选择器的并集
后代选择器	<选择器> <选择器>	.aside li{}	先匹配第2个选择器的元素，并且属于第1个选择器内
子代选择器	<选择器> ><选择器>	.beam{}	匹配第2个选择器，且为第1个选择器的元素的后代
兄弟选择器	<选择器>+<选择器>	p+a{}	匹配紧跟第1个选择器，并匹配第2个选择器内的元素，如紧跟p元素后的a元素

2. 常用的伪元素选择器

（1）::first-line表示匹配文本块的首行，如p::first-line表示选中p元素的首行。

（2）::first-letter表示匹配文本内容的首字母。

（3）::before表示在选中元素的内容之前插入内容。

（4）::after表示在选中元素的内容之后插入内容。

小李同学：老师，这里的伪元素是指的什么呀？

张老师：CSS伪元素用于设置元素指定部分的样式。例如，它可用于设置元素的首字母、首行的样式在元素的内容之前或之后插入内容。

小李同学：哦哦，原来是这样，就是基本选择器比较大，这个比较聚焦嘛！

张老师：倒是可以这么理解。

3. 常用的伪类选择器

（1）:root表示选择文档中的根元素，通常返回html。

（2）:first-child表示父元素的第一个子元素。

（3）:last-child表示父元素的最后一个子元素。

（4）:only-child表示父元素有且只有一个子元素。

（5）:only-of-type表示父元素有且只有一个指定类型的元素。

（6）:nth-child(n)表示匹配父元素的第n个子元素。

（7）:nth-last-child(n)表示匹配父元素的倒数第n个子元素。

（8）:nth-of-type(n)表示匹配父元素定义类型的第n个子元素。

（9）:nth-last-of-type(n)表示匹配父元素定义类型的倒数n个子元素。

（10）:link表示匹配链接元素。

（11）:visited表示匹配用户已访问的链接元素。

（12）:hover表示匹配处于鼠标悬停状态下的元素。

（13）:active表示匹配处于被激活状态下的元素，包括即将单击（按压）。

（14）:focus表示匹配处于获得焦点状态下的元素。

（15）:enabled(:disabled) 表示匹配启用（禁用）状态的元素。

（16）:checked表示匹配被选中的单选按钮和复选框的input元素。

（17）:default表示匹配默认元素。

（18）:valid(:invalid) 表示根据输入数据验证，匹配有效（无效）的input元素。

（19）:in-range(out-of-range) 表示匹配在指定范围之内（之外）受限的input元素。

三、盒子模型

小李同学：张老师，咱们说着CSS，怎么就出来了盒子模型呢？

张老师：小李同学，这你就不知道了，CSS中的盒子模型啊，是个非常重要的知识点呢，很多HTML元素，都靠它来封装呢！

小李同学：原来是这样，那我一定要好好学习了。

所有HTML元素可以看作盒子。盒子模型就是把HTML页面中的元素视为一个矩形区域，即元素的盒子，封装周围的HTML元素，盒子由margin（外边距）、border（边框）、padding（内边距）和content（内容）四部分组成，如图3-2所示。盒子模型允许在其他元素和周围元素边框之间的空间放置元素。

图3-2 盒子模型示意图

margin、border、padding和content都表示简写属性，使用的方法相同。以margin为例在一个声明中设置所有外边距（上、右、下、左），具体如下：

（1）margin-top表示设置元素的上外边距。

（2）margin-right表示设置元素的右外边距。

（3）margin-bottom表示设置元素的下外边距。

（4）margin-left表示设置元素的左外边距。

例 3.3 外边距的书写方式示例。

```
/* 设置上边距为25px、右边距为50px、下边距为75px、左边距为100px */
margin: 25px 50px 75px 100px
/* 设置上边距为25px、左右边距为50px、下边距为75px */
margin: 25px 50px 75px
/* 设置上下边距为25px、左右边距为50px */
margin: 25px 50px
/* 设置4个方向的边距都为25px */
margin: 25px
```

四、浮动与定位

在默认情况下，网页中的元素会按照从上到下或从左到右的顺序一一罗列。如果仅仅按照这种默认的方式进行布局，网页将会显得单调、混乱。为了使网页的布局更加丰富、合理，可以在CSS中对元素设置浮动和定位属性。

小李同学：老师，那浮动是一个怎样的过程呢？

张老师：所谓元素的浮动是指设置了浮动属性的元素会脱离标准文档流的控制，移动到其父元素中指定位置的过程。

（1）CSS的浮动可以通过float属性进行设置，float的常用属性值如下：

- left：元素向左浮动。
- right：元素向右浮动。
- none：元素不浮动（默认值）。

（2）用于设置定位方式的常用属性值如下：

- static：静态定位（默认定位方式）。
- relative：相对定位，相对于其原文档流的位置进行定位。
- absolute：绝对定位，相当于static定位以外的第一个上级元素进行定位。
- fixed：固定定位，相对于浏览器窗口进行定位。

（3）用于设置元素具体位置的常用属性值如下：

- top：顶端偏移量，定义元素相对于其参照元素上边线的距离。
- bottom：底部偏移量，定义元素相对于其参照元素下边线的距离。
- left：左侧偏移量，定义元素相对于其参照元素左边线的距离。
- right：右侧偏移量，定义元素相对于其参照元素右边线的距离。

小李同学：老师，那如果两个元素重叠到了一起怎么办呀，谁在上谁在下怎么判定，怎么设置呢？

背景设置中的常用属性

张老师：小李同学，你很聪明，问到了一个关键问题，就是定位元素的重叠，这里我们要用到z-index属性了。

z-index属性表示z轴的深度，它表示三维立体的概念，多个定位子元素的上下层的立体关系。可以控制定位元素在垂直于显示屏方向（z轴）上的堆叠顺序，值大的元素发生重叠时会在值小的元素上面，其取值可为正整数、负整数和0，默认值为0。

不过要注意了，它只能在position属性值为relative、absolute 或fixed的元素上有效。z-index值越大的元素越靠近用户。

五、CSS3 背景设置

1. CSS3 中背景设置常用属性

CSS3中背景设置常用属性见表3-2。

表3-2 CSS3 中背景设置常用属性

属 性 名	属性描述	允 许 取 值	取 值 说 明
background-color	设置背景色	red, green, blue	预定义的颜色值
		#FF0000, #FF6600, #29D794	十六进制颜色值，也是最常用的定义颜色的方式
		rgba(255,0,0,0.5) 或 rgba(100%,0%,0%,0.5)	r：红色值；g：绿色值；b：蓝色值，rgb 的取值可以是正整数也可以是百分数。a：透明度，取值 0~1 之间
background-image	设置图片背景	url (url)	直接引用图片地址来设置图片作为对象背景
background-repeat	设置背景平铺重复方向	repeat	背景图像在纵向和横向上平铺
		no-repeat	背景图像不平铺
		repeat-x	背景图像在横向平铺
		repeat-y	背景图像在纵向平铺
background-attachment	设置或检索背景图像是随对象内容滚动还是固定的	scroll	背景图像是随对象内容滚动
		fixed	背景图像固定
background-position	设置或检索对象的背景图像位置，语法为 length|length 或者 position|position	35% 80% 或 35% 2.5cm 或 top right	length：百分数|由浮点数字和单位标识符组成的长度值。position：top | center | bottom | left | center | right
background-size	规定背景图像的尺寸	length	第一个值设置宽度，第二个值设置高度。一个值时，第二个值会被设置为 "auto"
		percentage	以父元素的百分比来设置图像的宽度和高度，用法同上
		cover	背景图完全覆盖背景区域
		contain	宽和高完全适应内容区域

2. background 的基本语法格式

选择器{background: background-color || background-image || background-repeat || background-attachment || background-position}

六、阴影和渐变

小李同学：老师，在学了这些之后，我感觉我大概了解怎么用CSS给网页进行定位和排版了。WPS里面的文本框和文字，都能设置一些特效，或者艺术字。网上的一些网页设计得很漂亮，也用到了一些特殊的效果，那些也是用CSS去实现的吗？

张老师：是的，你刚才说的那些啊，在CSS3中都可以实现，现在老师就给你讲解网页上的一些阴影和渐变效果，是怎么用CSS3去实现的。

微视频

CSS3 阴影和渐变

1. CSS3 阴影

在CSS3中，阴影分为两种，text-shadow是对象的文本设置阴影，box-shadow是给对象实现图层阴影效果。这里我们先学习box-shadow，它的基本语法格式如下：

```
对象选择器 {
    box-shadow:x轴偏移量 || y轴偏移量 || 阴影模糊半径 || 阴影扩展半径 || 阴影颜色 || 投影方式
}
```

从语法格式中可以看出，box-shadow具有一系列的属性与参数，见表3-3。

表3-3 box-shadow 的属性与参数

参 数 类 型	取 值 说 明
投影方式	此参数是一个可选值，如果不设置，其默认的投影方式是外阴影，设置阴影类型为"inset"时，投影就是内阴影
x 轴偏移量	即阴影的水平偏移量，其值可以是正负值，如果值为正值，则阴影在对象的右边；反之，如果值为负值，则阴影在对象的左边
y 轴偏移量	即阴影的垂直偏移量，其值也可以是正负值，如果值为正值，则阴影在对象的底部；反之，如果值为负值，则阴影在对象的顶部
阴影模糊半径	此参数为可选，但其值只能为正值，如果值为0,则表示阴影不具有模糊效果，其值越大阴影的边缘就越模糊
阴影扩展半径	此参数为可选，其值可以是正负值，如果值为正值，则整个阴影都延展扩大；反之，如果值为负值，则阴影缩小
阴影颜色	参数为可选，如果不设定任何颜色，则浏览器会取默认色，但各浏览器的默认颜色不一样，特别是在 webkit 内核下的 Safari 和 Chrome 浏览器将无色，也就是透明，建议不要省略此参数

例 3.4 CSS3中阴影的实际应用示例。

```
<!DOCTYPE html>
<html lang="en">
<head>
    <meta charset="utf-8">
    <title>对象阴影</title>
    <style type="text/css">
        .box{
            box-shadow: 7px 4px 10px #000 inset;
            width: 300px;
            height: 80px;
```

```html
            }
            .box1 img{
                box-shadow: #000 7px 4px 10px;
            }
        </style>
    </head>
    <body>
        <h3>盒子对象阴影测试</h3>
        <div class="box">DIV盒子内阴影</div>
        <h3>图片对象阴影测试</h3>
        <div class="box1">
            <img src="images/1.png">
        </div>
    </body>
</html>
```

在例3-4中，我们可以看出，这里所使用到的CSS引入方式为嵌入式，选择器选择元素后，使用box-shadow属性进行阴影的设置，其运行效果如图3-3所示。

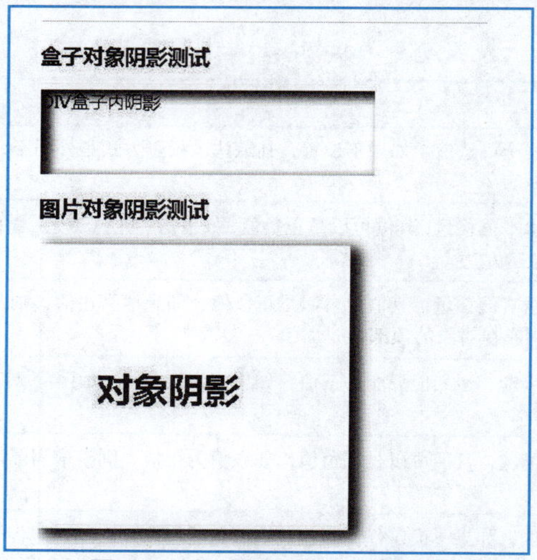

图 3-3 box-shadow 使用效果

小李同学：张老师，这里我有一个疑问，就是语法里学到的box-shadow后面属性的顺序，和这个例子中实际操作的顺序不一样，难道不会影响运行的效果吗？

张老师：小李同学观察得非常细心，这就要说到语法的特性了，x轴偏移量、y轴偏移量、阴影模糊半径、阴影扩展半径、阴影颜色、投影方式这几个属性里面，两个偏移量和两个半径，是用像素等带数值的单位表示大小的，颜色和投影方式，是有各自的取值。要注意的是，用像素等带数值的单位表示的时候，一定要按照顺序，并且放在一起，但是颜色和投影方式就不需要。

小李同学：原来是这样呀，明白了老师！可是现在只有一个阴影效果，还有没有其他效果？我觉得一个阴影效果还不足以让我的网页变得特别好看！

张老师：别着急，咱们现在来学习渐变效果。

2. CSS3 渐变

渐变是两种或多种颜色之间的平滑过渡。CSS3 渐变属性主要包括线性渐变、径向渐变和重复渐变。

（1）线性渐变。

线性渐变的基本语法格式：

background-image: linear-gradient([<angle> | <side-or-corner>,] color stop, color stop[, color stop]*)

线性渐变 linear-gradient 的参数取值说明见表 3-4。

表 3-4　线性渐变 linear-gradient 参数

参 数 类 型	取 值 说 明
<angle>	表示渐变的角度。角度数的取值范围是 0~360deg。这个角度是以圆心为起点的角度，并以这个角度为发散方向进行渐变
<side-or-corner>	描述渐变线的起始点位置。它包含 to 和两个关键词：第 1 个指出水平位置 left or right、第 2 个指出垂直位置 top or bottom。关键词的先后顺序无影响，且都是可选的
color stop	用于设置颜色边界。color 为边界的颜色，stop 为该边界的位置，stop 的值为像素数值或百分比数值，若为百分比且小于 0% 或大于 100% 则表示该边界位于可视区域外。两个 color stop 之间的区域为颜色过渡区

例 3.5　线性渐变示例。

```
<!DOCTYPE html>
<html lang="en">
<head>
    <meta charset="utf-8">
    <title>CSS3渐变</title>
    <style type="text/css">
        /*CSS3 线性渐变*/
        .rainbow-linear-gradient{
            width: 460px;
            height: 160px;
            background-image:-webkit-linear-gradient(left,#E50743 0%, #F9870F 15%, #E8ED30 30%, #3FA62E 45%, #3BB4D7 60%, #2F4D9E 75%, #71378A 80%);
        }
    </style>
</head>
<body>
    <!-- CSS3 线性渐变 -->
    <h1>线性渐变</h1>
    <div class="rainbow-linear-gradient"></div>
</body>
</html>
```

在例 3-5 中，使用了嵌入式的引入方式，将 CSS 引入到 HTML 中，在 linear-gradient 处根据不同位置，设置了不同颜色的起点和重点，最终形成了线性渐变的效果，如图 3-4 所示。

图3-4　线性渐变效果

（2）径向渐变。

CSS3中的径向渐变通过"background-image: radial-gradient (参数值);"来设置，其基本语法格式如下：

```
background-image: radial-gradient(圆心坐标, 渐变形状, 渐变大小, color stop, color stop[, color stop]*)
```

径向渐变radial-gradient的参数取值说明见表3-5。

表3-5　径向渐变 radial-gradient 的参数

参数类型	取　　值	取 值 说 明
圆心坐标	可设置为 x-offset y-offset，如 10px 20px；或使用预设值 center（默认值）	用于设置放射的圆形坐标
渐变形状	circle	圆形
	ellipse	椭圆形，默认值
渐变大小	closest-side 或 contain	以距离圆心最近的边的距离作为渐变半径
	closest-corner	以距离圆心最近的角的距离作为渐变半径
	farthest-side	以距离圆心最远的边的距离作为渐变半径
	farthest-corner 或 cove	以距离圆心最远的角的距离作为渐变半径

例 3.6　径向渐变的使用示例。

```
<!DOCTYPE html>
<html lang="en">
<head>
    <meta charset="utf-8">
    <title>CSS3渐变</title>
    <style type="text/css">
        /*CSS3 径向渐变*/
        .rainbow-radial-gradient{
            width:300px;
            height: 300px;
            background-image: -webkit-radial-gradient(100px, #ffe07b 15%, #ffb151 2%, #16104b 50%)
        }
    </style>
```

```
</head>
<body>
    <!-- CSS3 径向渐变 -->
    <h1>径向渐变</h1>
    <div class="rainbow-radial-gradient"></div>
</body>
</html>
```

例3-6径向渐变的运行效果如图3-5所示。

（3）重复渐变。

重复渐变需要添加"repeating-"前缀，具体语法格式如下：

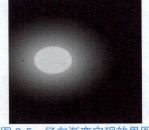

图 3-5　径向渐变实现效果图

```
/* 线性重复渐变 */
repeating-linear-gradient(起始角度, color stop, color stop[, color stop]*)
/* 径向重复渐变 */
repeating-radial-gradient(圆心坐标, 渐变形状, 渐变大小, color stop, color stop[, color stop]*)
```

七、CSS3 文本样式属性

张老师：现在了解了一部分CCS3的知识了，小李同学你有没有觉得缺少了一些什么呢？

小李同学：老师，我还想要更多的特效，能不能教教我呀？

张老师：那我问问你，我们现在学的这些，都是网页布局中较为明显的样式，但是里面是不是还少了一些细节呢？比如说，你进入网页，看内容的时候，最终看的是什么呢？

小李同学：我最后肯定是找我想要的东西啊！

张老师：那你想要的东西，你怎么找呢？

小李同学：老师，您这问题太简单了，我看字不就行了？

张老师：这就对了，用户进入网页，看得最多的是文本，所以，我们要学习的重要的细节，当然是文本样式了。

1. 字体样式属性

CSS3提供了丰富的文本样式属性，如字体、颜色、字号、阴影等效果。表3-6中是几种常见的字体样式属性。

表3-6　CSS3常见文本样式属性

属性	功能	允许取值	描述
font-size	字号大小	1 em、5 em 等	em 表示相对于当前对象内文本的字体尺寸
		5 px	px 表示像素，最常用，推荐使用
font-family	字体	"微软雅黑"	网页中常用的字体有宋体、微软雅黑、黑体等
font-weight	字体粗细	normal	默认值，定义标准的字符
		bold	定义粗体字符
		bolder	定义更粗的字符
		lighter	定义更细的字符
		100～900（100 的整数倍）	定义由细到粗的字符，其中 400 等同于 normal，700 等同于 bold，值越大字体越粗

续表

属 性	功 能	允 许 取 值	描 述
font-style	字体风格	normal	默认值，浏览器会显示标准的字体样式
		italic	浏览器会显示斜体的字体样式
		oblique	浏览器会显示倾斜的字体样式
word-wrap	长单词或 URL 自动换行	normal	只在允许的断字点换行（浏览器保持默认处理）
		break-word	在长单词或 URL 地址内部进行换行

（1）font-size：字号大小。font-size属性用于设置字号，该属性的值可以使用相对长度单位，也可以使用绝对长度单位。其中，相对长度单位比较常用，推荐使用像素单位px。

（2）font-family：设置字体。如将网页中所有段落文本的字体设置为微软雅黑：

```
P{
        font-family:"微软雅黑";
}
```

可以同时指定多个字体，中间用逗号隔开，表示如果浏览器不支持第一个字体，则会尝试下一个，直到找到合适的字体。

```
P{
        font-family:"微软雅黑","黑体","宋体";
}
```

使用font-family设置字体时，需要注意：

① 各种字体之间必须使用英文状态下的逗号隔开。

② 中文字体需要加英文状态下的引号，英文字体一般不需要引号。当设置英文字体时，英文字体名必须位于中文字体名之前，例如：

```
P{
        font-family:arial,"微软雅黑","黑体","宋体";
}
```

如果字体名中包含空格、#、$等符号，则该字体必须加英文状态下的单引号或双引号，例如：

```
P{
        font-family:"times new roman";
}
```

③ 尽量使用系统默认字体，保证在任何用户的浏览器中都能正确显示。

（3）font-weight：字体粗细。实际中，常用的font-weight的属性值为normal和bold，用来定义正常或加粗显示的字体。

（4）font-style：字体风格。如设置斜体、倾斜或正常字体，italic和oblique都用于定义斜体，两者在现实效果上并没有本质区别，但实际中常使用italic。

（5）font：综合设置字体样式。

font 属性用于对字体样式进行综合设置，其基本语法格式为

```
选择器{font: font-style  font-weight  font-size/line-height  font-family;}
```

使用font属性时，必须按上面语法格式中的顺序书写，各个属性以空格隔开。其中line-height指的是行高：

```
P{
        font-family:arial,"微软雅黑";
        font-size: 30px;
        font-style: italic;
        font-weight: bold;
        line-height: 40px;
}
```

等价于

```
P{font: italic bold 30px/40px arial,"微软雅黑"; }
```

其中不需要设置的属性可以省略（取默认值），但必须保留font-size和font-family属性，否则font属性将不起作用。

（6）@font-face属性。

@font-face属性是CSS3的新增属性，用于定义服务器字体。通过@font-face属性，开发者可以在用户计算机未安装字体时，使用任何喜欢的字体。使用@font-face属性定义服务器字体的基本语法格式如下：

```
@font-face {
font-family: 字体名称;
src: 字体路径;
}
```

其中，font-family用于指定该服务器字体的名称，该名称可以随意定义，src属性用于指定该字体文件的路径。

使用服务器字体的步骤：

① 下载字体，并存储到相应的文件夹中。
② 使用@font-face属性定义服务器字体。
③ 对元素应用"font-family"字体样式。

```
<style type="text/css">
    @font-face{
        font-family:haha;
        src: url(font/FZJZJW.TFF);
    }
    p{
        font-size: 50px;
        font-family:haha;
    }
</style>
<body>
    <p>我是一个p标签</p>
</body>
</html>
```

（7）word-wrap属性。

word-wrap属性用于实现长单词和URL地址的自动换行，其基本语法格式为

选择器{word-wrap：属性值；}

2. 文本外观属性

小李同学：老师，上次您教我的是文本的字体属性，今天您要跟我讲文本的外观属性，这两个有什么差别呢？我怎么感觉都差不多呢。

张老师：小李同学，文本的外观属性和文本的字体属性完全不同，文本的字体属性主要针对的是字体的颜色、大小等，文本的外观属性要更丰富。比如，文本的颜色、间距、对齐方式、装饰、阴影，都属于文本的外观属性。字体其实只是文本的字体相关的基本属性。

小李同学：我明白了，上节课学得那么多，我感觉都已经很丰富了，看来CCS3的功能比我想象中要强大得多啊！

常用的文本外观属性见表3-7。

表3-7 常用的文本外观属性

属性	功能	允许取值	描述
color	文本颜色	red，green，blue	预定义的颜色值
		#FF0000,#FF6600,#29D794	十六进制颜色值，也是最常用的定义颜色的方式
		rgba(255,0,0,0.5) 或 rgba(100%,0%,0%,0.5)	r：红色值；g：绿色值；b：蓝色值，rgb 的取值可以是正整数也可以是百分数。a：透明度，取值 0～1 之间
letter-spacing	字间距	normal,0.5em,30px	用于定义字符与字符之间的空白，normal 为默认值，其属性值可为不同单位的数值，允许使用负值
word-spacing	单词间距	normal,0.5em,30px	用于增加或减少单词间的空白（即字间隔）。默认值为 normal，其属性值可为不同单位的数值，允许使用负值
line-height	行间距	5 px,3em,150%	用于定义行与行之间的距离，属性值单位有三种，分别为像素 px，相对值 em 和百分比 %，实际工作中使用最多的是像素 px
text-transform	文本转换	none	不转换（默认值）
		capitalize	首字母大写
		uppercase	全部字符转换为大写
		lowercase	全部字符转换为小写
text-decoration	文本装饰	none	没有装饰（正常文本默认值）
		underline	设置文本下划线
		overline	设置文本上划线
		line-through	设置文本删除线
text-align	水平对齐方式	left	左对齐（默认值）
		right	右对齐
		center	居中对齐
text-indent	首行缩进	2em,50px,30%	用于设置首行文本的缩进，其属性值可为不同单位的数值、em 字符宽度的倍数或相对于浏览器窗口宽度的百分比 %，允许使用负值，建议使用 em 作为设置单位

续表

属性	功能	允许取值	描述
white-space	空白符处理	normal	常规（默认值），文本中的空格、空行无效，满行（到达区域边界）后自动换行
		pre	预格式化，按文档的书写格式保留空格、空行原样显示
		nowrap	合并所有空白符为一个空白符，强制文本不能换行，除非遇到换行标记 。内容超出元素的边界也不换行，若超出浏览器页面则会自动增加滚动条
text-overflow	标示对象内溢出文本	clip	修剪溢出文本，不显示省略标记"…"
		ellipsis	用省略标记"…"标示被修剪文本，省略标记插入的位置是最后一个字符。需要结合 overflow:hidden; 使用

八、CSS3 过渡、变形与动画

1. CSS3 过渡

CSS3过渡其实是一个简单的动画效果，它可以平滑地改变一个元素的CSS值，使元素从一个样式逐渐过渡到另一个样式。在实现CSS3过渡时，必须规定两项内容，应用过渡的CSS属性名称与规定效果的时长。CSS3过渡效果实现常用到的是transition属性，transition用于设置过渡效果的四个过渡属性。

transition属性是一个复合属性，主要包括property、duration、timing-function和delay等子属性。其基本语法格式如下：

```
element {
  transition: property duration timing-function delay
}
```

在上述语法格式中，transition属性实现简单的动画效果，element表示需要过渡的元素。表3-8为transition的主要子属性。

表3-8　transition 的主要子属性

属性	描述	允许取值	取值说明
property	规定应用过渡的CSS属性的名称	none	没有属性会获得过渡效果
		all	默认值，所有属性都将获得过渡效果
		property	定义应用过渡效果的CSS属性名称列表
		time 值	以秒或毫秒计，默认是 0，意味着没有效果
timing-function	规定过渡效果的时间曲线	linear	规定以相同速度开始至结束的过渡效果，相当于 cubic-bezier(0,0,1,1)
		ease	默认值，规定慢速开始，然后变快，然后慢速结束的过渡效果，相当于 cubic-bezier(0.25,0.1,0.25,1)
		ease-in	规定以慢速开始的过渡效果，相当于等于 cubic-bezier(0.42,0,1,1)
		ease-out	规定以慢速结束的过渡效果，相当于等于 cubic-bezier(0,0,0.58,1)
		ease-in-out	规定以慢速开始和结束的过渡效果，相当于 cubic-bezier(0.42,0,0.58,1)
delay	规定效果开始之前需要等待的时间	time 值	以秒或毫秒计，默认是 0

例 3.7 transition属性的应用示例。

```html
<!DOCTYPE html>
<html>
<head>
<style>
div
{
width:100px;
height:100px;
background:blue;
transition:width 2s;
-moz-transition:width 2s; /* Firefox 4 */
-webkit-transition:width 2s; /* Safari and Chrome */
-o-transition:width 2s; /* Opera */
}
div:hover
{
width:300px;
}
</style>
</head>
<body>
<div></div>
<p>请把鼠标指针移动到蓝色的 div 元素上,就可以看到过渡效果。</p>
<p><b>注释: </b>本例在 Internet Explorer 中无效。</p>
</body>
</html>
```

2. CSS3 变形

小李同学:平时在浏览网页时,经常会看到一些炫酷的网页特效,如鼠标滑过一张图片,这张图片就会旋转360°,或者鼠标滑过一个用户头像,头像会自动放大。这些炫酷的效果是如何实现的呢?

张老师:其实,这些效果都可以通过CSS3中的2D、3D转换来实现。除此之外,我们还可以使用transform-origin属性来指定元素变形基于的原点。

(1) 2D转换。

transform属性允许对元素应用2D转换,常见的2D转换有倾斜、移动、旋转、缩放等。transform属性的默认值为none,适用于内联元素和块元素,表示不进行变形。其基本语法格式为

```
transform: none | transform-functions
```

在语法格式中的transform-functions用于设置变形函数,可以是一个或多个变形函数列表。常见的2D转换函数见表3-9。

表 3-9 常见的 2D 转换函数

函 数 名	描 述	参 数 说 明
rotate(angel)	旋转元素	angel 是度数值，代表旋转角度
skew(x-angel,y-angel)	倾斜元素	angel 是度数值，代表倾斜角度
skewX(angel)	沿着 x 轴倾斜元素	
skewY(angel)	沿着 y 轴倾斜元素	
scale(x,y)	缩放元素，改变元素的高度和宽度	代表缩放比例，取值包括正数、负数和小数
scaleX(x)	改变元素的宽度	
scaleY(y)	改变元素的高度	
translate(x,y)	移动元素对象，基于 x 和 y 坐标重新定位元素	元素移动的数值，x 代表左右方向，y 代表上下方向，向左和向上使用负数，反之用正数
translateX(x)	沿着 x 轴移动元素	
translateY(y)	沿着 y 轴移动元素	
matrix(n,n,n,n,n,n)	2D 转换矩阵	使用六个值表示变形，所有变形的本质都是由矩阵完成的

（2）元素变形原点。

元素变形原点是元素围绕着这个点进行变形或者旋转，默认的起始位置是元素的中心位置。transform-origin属性的值主要包括x-axis、y-axis、z-axis。transform-origin属性中的x-axis表示x轴偏移量；y-axis表示y轴偏移量；z-axis表示z轴偏移量。其基本语法如下所示：

```
transform-origin: x-axis y-axis z-axis
```

（3）3D变形。

3D变形是指某个元素围绕指定的坐标轴旋转，如绕x轴旋转、绕y轴旋转、绕z轴旋转。3D转换的常用函数见表3-10。

表 3-10 常见的 3D 转换函数

函 数 名	描 述	参 数 说 明
rotate3d(x,y,z,angel)	定义 3D 旋转	前三个值用于判断需要旋转的轴，旋转轴的值设置为 1，否则为 0，angel 代表元素旋转的角度
rotateX(angel)	沿着 x 轴 3D 旋转	
rotateY(angel)	沿着 y 轴 3D 旋转	
rotateZ(angel)	沿着 z 轴 3D 旋转	
scale3d(x,y,z)	定义 3D 缩放	代表缩放比例，取值包括正数、负数和小数
scaleX(x)	沿着 x 轴缩放	
scaleY(y)	沿着 y 轴缩放	
scaleZ(z)	沿着 z 轴缩放	
translate3d(x,y,z)	定义 3D 转化	元素移动的数值
translateX(x)	仅用于 x 轴的值	
translateY(y)	仅用于 y 轴的值	
translateY(z)	仅用于 z 轴的值	

续表

函 数 名	描 述	参 数 说 明
matrix3d(n,n,n,n,n,n,n,n,n,n,n,n,n,n,n,n)	3D 转换矩阵	使用 16 个值的 4×4 矩阵，所有变形的本质都是由矩阵完成的
perspective(n)	定义 3D 转换元素的透视视图	一个代表透视深度的数值

3. CSS3 动画

CSS3可以创建动画，它可以取代许多网页动画图像和JavaScript实现的效果。要创建CSS3动画，首先需要了解@keyframes规则。@keyframes规则指的是使用其创建动画的基本范式，在@keyframes规则内指定一个CSS样式和动画进行设置，将通过动画每一帧的运行逐步从目前的样式更改为新的样式。@keyframes属性可以设置多个关键帧，每个关键帧表示动画过程中的一个状态，多个关键帧就可以使动画十分绚丽。

（1）@keyframes规则基本语法格式如下：

```
@keyframes animationname {
  keyframes-selector { css-styles }
}
```

① animationname表示当前动画的名称，它将作为引用时的唯一标识，不能为空。

② keyframes-selector是关键帧选择器，即指定当前关键帧要应用到整个动画过程中的位置值，可以是一个百分比、from或者to。

③ from和0%效果相同，表示动画的开始。

④ to和100%效果相同，表示动画的结束。

⑤ css-styles定义执行到当前关键帧时对应的动画状态。

（2）animation属性用于描述动画的CSS声明，包括指定具体动画以及动画时长等行为。animation属性的基本语法如下：

```
animation: name duration
timing-function delay
iteration-count direction
fill-mode play-state
```

与transition类似，animation也是一个复合属性，animation的8个子属性如下：

① animation-name：动画名字规定需要绑定到选择器的关键帧@keyframe的名称。

② animation-duration：规定动画完成一个周期所花费时间，取值以及说明如下：
time值：以秒或毫秒计算，默认是0。

③ animation-timing-function：规定动画的速度曲线，取值以及说明如下：

- linear：动画从头到尾的速度是相同的。
- ease：默认值。动画以低速开始，然后加快，在结束前变慢。
- ease-in：动画以低速开始。
- ease-out：动画以低速结束。
- ease-in-out：动画以低速开始和结束。
- cubic-bezier(n,n,n,n)：在cubic-bezier函数中自己的值，可能的值是从0到1的数值。

④ animation-delay：规定动画开始前的延迟，可选，取值以及说明如下：
time值：以秒或毫秒计，默认是0。
⑤ animation-iteration-count规定动画被播放的次数，取值以及说明如下：
- n：定义动画播放次数的数值，默认是1。
- infinite：规定动画应该无限次播放。

⑥ animation-direction：规定动画是否在下一周期逆向播放，取值以及说明如下：
- normal：默认值。动画应该正常播放。
- alternate：动画应该轮流反向播放。

⑦ animation-play-state：规定动画是否正在运行或暂停，取值以及说明如下：
- paused：规定动画已暂停。
- running：默认值，规定动画正在播放。

⑧ animation-fill-mode：规定对象动画时间之外的状态，取值以及说明如下：
- none：不改变默认行为。
- forwards：当动画完成后，保持最后一个属性值（在最后一个关键帧中定义）。
- backwards：在animation-delay所指定的一段时间内，在动画显示之前，应用开始属性值（在第一个关键帧中定义）。
- both：向前和向后填充模式都被应用。

任务实现

2D转换案例练习。

```
<!DOCTYPE html>
<html>
<head>
  <meta charset="UTF-8">
  <title>CSS3 变形</title>
  <style>
    div {
      width: 150px;
      height: 150px;
      background-color: #eee;
      transition: all 1s
    }
    div:hover {
      transform: rotate(360deg) scale(0.5);
    }
  </style>
</head>
<body>
  <div></div>
</body>
</html>
```

例3-8运行效果如图3-6所示。

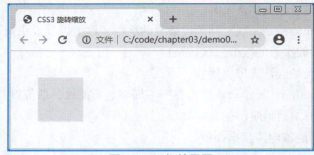

图3-6　运行效果图

任务3.2　实现好物商城网页公共样式

任务描述

小李同学：张老师，我的顶部快捷导航区域有"登录注册""我的订单""我的好物商城""好物商城会员""企业采购""关注好物商城""客户服务""网址导航"我想把它做成如图3-7所示。整体是灰白底色灰黑字体，免费注册是红色字体。我该如何去做？

张老师：顶部快捷导航区只是网页美化中很小的一部分，我们就以它为例，对整体网页通用区域进行美化，我们又称其为公共样式的书写。

图3-7　顶部快捷导航区美化效果

任务分析

张老师：要想实现好物商城网页公共样式和导航区，主要从以下三个步骤逐步进行美化。
① 首先明确HTML文件中导航标签节点的层次结构及含义，如图3-8所示。
② 设置导航栏整体样式，选择器为.shortcut {}。
③ 设置导航菜单无序列表<ul>整体样式，以及子元素样式，选择器为nav ul{}，nav ul li{}，nav ul li a{}等。

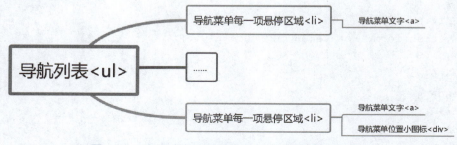

图3-8　HTML文件中导航标签节点的层次结构及含义

相关知识

一、创建 CSS 文件夹

在好物商城网站的目录下建立CSS文件夹，建立一个空的base.css文件，即将放入好物商城首页通用基础美化的CSS代码。

二、导入 CSS 文件

准备好css文件，需要将它们与好物商城首页index.html建立联系，即在index.html文件中导入外部的css文件，一般放在头部，示例代码如下：

```
<head>
        <meta charset="UTF-8">
        <title></title>
        <link rel="stylesheet" href="css/base.css">
</head>
```

在这里，我们使用了链入式的引入方式，引入了CSS文件。

三、复合选择器的使用

在网页的美化中，会使用到多种多样的选择器，如*{},nav{}，nav ul{}，nav ul li{}，nav ul li a{}，nav ul li:nth-child(1){}，nav ul li:nth-child(1) a{}，nav ul .li-spe.posit-1{}，nav ul .li-spe1{}等。其中有通用选择器、类选择器、伪类选择器，以及复合选择器。

CSS3 中的复合选择器

小李同学：老师，这些选择器看着好复杂，我都不知道该怎么定位到它所修饰的地方。

张老师：这还是CSS3基础不扎实的缘故啊，老师现在以其中具有代表性的nav ul li:nth-child(1){}复合选择器为例，讲讲如何使用选择器选择并修饰页面。

在选择器nav ul li:nth-child(1){}中，首先规定了标签<nav>，就是导航菜单。<ul>是导航菜单中的无序列表。列表中的标签<li>规定了在无序列表中的范围。:nth-child(1)，是一个伪类选择器，它所规定的是父元素的第一个子元素，就是列表中的第一个元素，这样，就精确定位到了要修饰的部分。

小李同学：原来是这样，这样一步一步的话，就好理解得多了，谢谢老师！

任务实现

1. 顶部快捷导航区美化效果设计实现

小李同学：老师，我突然发现，如果想让我的网站整体所呈现出来的效果比较规则，比如每个单独区域整体的内外边距保持一致、插入的图片都要居中，遇到按钮的时候鼠标变成小手形状，这种不限于某个区域，但是每个区域都能使用到的美化功能，是不是都要写一遍代码？

张老师：一般情况下，CSS是一一对应HTML页面主体结构进行美化的，但是你说情况才是真正网页设计工作者所使用的方法。要想让网站整体规整，同时又能让网页设计工作者减少代码的编写，就需要单独建立一个网站基础的CSS文件，先解决每部分通用的、共性的设计问题，再去解决网页每部分个性的、独特的美化。在这个基础上，我们可以看到，顶部快捷导航区的CSS代码也仅如下面的几行而已：

```css
.shortcut {
    height: 31px;
    background-color: #f1f1f1;
    line-height: 31px;
}

.shortcut li {
    float: left;
}
```

2. 公共样式的实现

小李同学：老师，我在具体实现网页的过程中该怎样判定哪些是共性的美化，哪些是个性的美化呢？

张老师：小李同学，你的问题非常关键，这就要说到我们在一开始的时候设计网页的具体架构有哪些，而且还非常考验我们选择器的使用，那我们就来一起实现网页通用基础美化吧。

（1）使用*{}、em、i{}、li{}等选择器分别实现清除元素默认的内外边距、让所有斜体不倾斜以及去除列表前小点的效果，代码如下：

```css
* {
    margin: 0;
    padding: 0
}
em,
i {
    font-style: normal;
}
li {
    list-style: none;
}
```

（2）使用img{}、button{}、a{}、a:hover{}元素选择器及伪类选择器，分别实现去图片边框及底侧缝隙、鼠标移至按钮处变为小手形状、取消链接下划线、设置鼠标移动到链接处的颜色的样式，代码如下：

```css
img {
    border: 0;   /*ie6*/
    vertical-align: middle;
}
button {
    cursor: pointer;
}
```

```
a {
    color: #666;
    text-decoration: none;
}
a:hover {
    color: #e33333;
}
```

（3）通过button、input{}选择器，同时设置按钮处以及输入区域的字体、字号等样式，并清除轮廓线，代码如下：

```
button,
input {
    font-family: 'Microsoft YaHei', 'Heiti SC', tahoma, arial, 'Hiragino Sans GB', \\5B8B\4F53, sans-serif;
    outline: none;
}
```

（4）通过选择器设置网页结构中每部分的主体背景颜色、字体字号、字体颜色等样式，代码如下：

```
body {
    background-color: #fff;
    font: 12px/1.5 'Microsoft YaHei', 'Heiti SC', tahoma, arial, 'Hiragino Sans GB', \\5B8B\4F53, sans-serif;
    color: #666
}
```

（5）使用类选择器.clearfix，并在其后添加伪类选择器:after，通过清除伪类的浮动，达到撑起父元素高度的目的，代码如下：

```
.clearfix:after {
    visibility: hidden;
    clear: both;
    display: block;
    content: ".";
    height: 0
}
.clearfix {
    *zoom: 1
}
```

任务3.3 头部及导航区域美化

任务描述

小李同学：张老师，在头部区域我想放上我们的网站Logo，并且把搜索框放到上面，右侧我还想有一个快速到达购物车的链接，在导航区第一部分有一个下拉列表，里面能显示网站全部的商品分类，是不是有点复杂呀？

张老师：小李，你的这个想法很好，老师是支持你的，但是其中的难点还需要我们一起去突破。

任务分析

（1）首先明确HTML文件中头部以及导航区域的层次结构及含义，如图3-9所示。

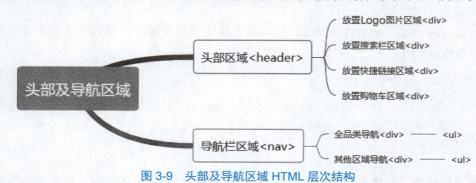

图 3-9　头部及导航区域 HTML 层次结构

（2）在公共样式的基础上，头部区域分为以下四个部分进行美化：

① Logo所在区域div，类名为".logo"，该区域大小为一张图片，如图3-10所示。

图 3-10　Logo 部分显示区域

② 搜索栏所在区域，类名为.search，该区域放置一个搜索栏，如图3-11所示。

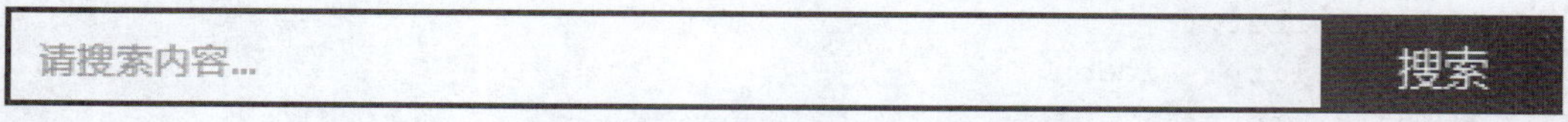

图 3-11　搜索栏部分显示区域

③ 快捷链接所在区域位于搜索栏下方，类名为.hotwords，该区域放置八个快捷链接，如图3-12所示。

图 3-12　快捷链接部分显示区域

④ 购物车所在区域位于头部区域最右侧，类名为.shopcar，该区域放置购物车图标，如图3-13所示。

图 3-13　购物车部分显示区域

（3）在公共样式的基础上，导航区域分为以下两个部分进行美化：

① 全部品类导航所在区域div，类名为.dorpdown，该区域为下拉菜单，如图3-14所示。

图 3-14 全部品类部分显示区域

② 其他导航所在区域，类名为.navitems，该区域放置八个导航链接，如图3-15所示。

| 服装城 | 美妆馆 | 促销活动 | 限时购 | 闪购 | 团购 | 拍卖 | 社区 |

图 3-15 导航部分显示区域

相关知识

在导航界面的美化中需要注意的是，.dropdown类选择器选择鼠标移动上去后显示下拉菜单并设置其样式。其中dl、dt、dd是组合标签，使用了dt，dd最外层就必须使用dl包裹，此组合标签又称表格标签，与table表格类似组合标签，故这种组合标签我们也称其为dl表格。<dl><dt></dt><dd></dd></dl>为常用标题+列表型标签。若没有对dl、dt、dd标签初始CSS样式，默认dd列表内容会缩进。

任务实现

1. 分析头部区域 HTML 文档结构

头部HTML主要分为四个<div>盒子模型，包括了网页标题、搜索栏以及快捷导航栏，因此头部区域的美化应选择每部分适用的选择器逐步进行头部区域的美化。

```
<header class="header w">
    <div class="logo">
        <h1>
            <a href="index.html" title="好物商城">好物商城</a>
        </h1>
    </div>
```

```html
        <div class="search">
            <input type="text" class="text" value="请搜索内容...">
            <button class="but">搜索</button>
        </div>
        <div class="hotwords">
            <a href="#" class="style-red">优惠购首发</a>
            ...//此处省略其他子菜单内容
        </div>
        <div class="shopcar">
            <i class="car"></i>
            ...//此处省略其他子菜单内容
        </div>
    </header>
```

2. 头部区域美化效果实现

```css
.header {
    position: relative;
    height: 105px;
}
.w {
    width: 1200px;
    margin: 0 auto;
}
.style-red {
    color: #c81623;
}
.logo {
    position: absolute;
    top: 26px;
    left: 0;
    width: 178px;
    height: 55px;
}
.logo a {
    display: block;
    /* overflow: hidden; */
    width: 175px;
    height: 56px;
    background: url(../img/logo_03.png) no-repeat;
    /* text-indent: -999px; */
    font-size: 0;
}
.search {
    position: absolute;
```

```css
        top: 26px;
        left: 347px;
}
.text {
        float: left;
        width: 445px;
        height: 32px;
        border: 2px solid #b1191a;
        padding-left: 10px;
        color: #ccc;

}
.but {
        float: left;
        width: 82px;
        height: 36px;
        background-color: #b1191a;
        border: 0;
        font-size: 16px;
        color: #fff;
}
.hotwords {
        position: absolute;
        top: 65px;
        left: 347px;
}
.hotwords a {
        margin: 0 10px;
}
.shopcar {
        position: absolute;
        top: 25px;
        right: 64px;
        width: 138px;
        height: 34px;
        line-height: 34px;
        border: 1px solid #dfdfdf;
        background-color: #f7f7f7;
        text-align: center;
}
.car {
        font-family: 'icomoon';
        color: #db5c5c;
}
```

```css
.arrow {
    font-family: 'icomoon';
    margin-left: 5px;
}
.count {
    position: absolute;
    top: -5px;
    left: 100px;
    background-color: #e60012;
    height: 14px;
    line-height: 14px;
    padding: 0 4px;
    color: #fff;
    border-radius: 7px 7px 7px 0;
}
```

小李同学：张老师，为什么仅仅是一个头部区域就这么多CSS代码呢，难道以后每个区域都这么多代码吗？

张老师：在真正网页设计与开发的过程中，其实原则很简单，就是"效率"二字，在这一部分我们所用到的CSS样式代码有很多行，这一部分又和之前的公共样式不同，因此我们称之为通用代码。

在此处新建CSS文件，命名为common，即放置通用代码，与公共样式不同的地方在于，通用样式适用范围更大，其类名、元素使用频率更高，通用代码与其相同的地方在于不仅限于某一区域或某一部分使用其样式。

如上述代码中

```css
.style-red {
    color: #c81623;
}
```

定义了红色样式的具体颜色，已在顶部快捷导航栏和头部快捷链接部分调用了两次。

3. 分析导航区域 HTML 文档结构

从以下导航区域HTML文档中可以看出，导航区域的网页结构为一个导航区，与总体的 `<div>` 盒子模型内设置了多个子区域，每个区域分别有不同的功能，因此在进行导航区域美化时，也应由外到内进行。

```html
<div class="nav">
    <div class="w">
        <div class="dorpdown fl" id="tou">
            <div class="dt"> 全部商品分类 </div>
            <div class="dd" id="shen">
                <ul>
                    <li class="menu_itme">
                        <a href="#">家用电器</a>
```

```
                    <i> </i>
                </li>
                ...//此处省略其他子菜单内容
                    <i> </i>
                </li>
            </ul>
        </div>
    </div>
    <div class="navitems fl">
        <ul>
            <li><a href="#">服装城</a></li>
            ...//此处省略其他子菜单内容
        </ul>
    </div>
    </div>
</div>
```

4. 导航区域美化效果实现

```
.nav {
    height: 45px;
    border-bottom: 2px solid #b1191a;
}
.dorpdown {
    width: 209px;
    height: 45px;
}
.dorpdown .dt {
    height: 100%;
    background-color: #b1191a;
    font-size: 16px;
    color: #fff;
    text-align: center;
    line-height: 45px;
}
.dorpdown .dd {
    height: 0;
    background-color: #c81623;
    margin-top: 2px;
}
.menu_itme {
    height: 31px;
    line-height: 31px;
    margin-left: 1px;
    padding: 0 10px;
```

```css
        transition: all .5s;
        color: #fff;
    }
    .menu_itme:hover {
        padding-left: 20px;
        background-color: #fff;
    }
    .menu_itme:hover a {
        color: #c81623;
    }
    .menu_itme a {
        font-size: 14px;
        color: #fff;
    }
    .menu_itme i {
        float: right;
        font-family: 'icomoon';
        font-size: 18px;
        color: #fff;
    }
    .navitems {
        margin-left: 10px;
    }
    .navitems li {
        float: left;
    }
    .navitems li a {
        display: block;
        height: 45px;
        padding: 0 25px;
        line-height: 45px;
        font-size: 16px;
    }
```

任务3.4 轮播快报区域美化

任务描述

小李同学：张老师，在轮播区域我有四张广告图片，但是现在排版还是非常乱，我该怎样把这个区域美化呢。很多网站轮播区域都设计图片轮播交互效果，也想实现这个功能，轮播区左侧已经被导航区的下拉列表占用了，我不想浪费右侧的空间，想在右侧设计一个特惠快报还有小图标链接区域，该如何去做呢？

张老师：要想实现图片轮播交互效果，就要先建立在用CSS3美化之后的基础上，想要实现最终效果，就要一步一步来。

任务分析

1. 明确层次结构及含义

明确HTML文件中轮播快报区域的层次结构及含义，如图3-16所示。

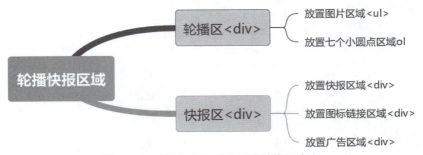

图3-16 轮播快报区域的层次结构及含义

2. 美化

轮播快报区域分为以下两个区域进行美化：

（1）图片所在区域div，类名为"focus"，该区域大小为一张图片大小，如图3-17所示。

图3-17 轮播快报区图片显示区域

（2）四个小圆点所在区域ol，类名为"circle"，该区域放置四个小圆点，如图3-18所示。

图3-18 轮播小圆点显示区域

（3）生活服务图标快捷链接所在区域，类名为"lifeservice"，该区域放置12个生活服务快捷图标链接，如图3-19所示。

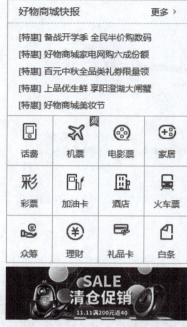

图3-19 图标快捷链接显示区域

相关知识

微视频
display 属性的使用

一、display 属性

小李同学：老师，代码中多次出现了display属性。这个属性是用来做什么的呢？

张老师：display属性规定元素应该生成的框的类型。这个属性用于定义建立布局时元素生成的显示框类型。对于HTML等文档类型，如果使用display不谨慎会很危险，因为可能违反HTML中已经定义的显示层次结构。对于XML，由于XML没有内置的这种层次结构，所有display是绝对必要的。在这里，我们用到display属性，将几个元素隐藏了起来，但是除了这个属性，visible:hidden也可以达到这样的效果。

display:none和visible:hidden都能把网页上某个元素隐藏起来。但两者有区别：

① display:none——不为被隐藏的对象保留物理空间，即该对象在页面上彻底消失，通俗来说就是看不见也摸不到。

② visible:hidden——使对象在网页上不可见，但该对象在网页上所占的空间没有改变，通俗来说就是看不见但摸得到。

二、border-radius 属性

在CSS3以前，如果要制作圆角边框效果，首先在元素标签中加四个空标签，然后在每个空标签中应用一个圆角的背景，接着对这几个应用了圆角的标签进行相应的定位，这个过程十分麻烦。

CSS3中新增了border-radius属性，可以非常方便地实现圆角边框效果。除此之外，CSS3中新增了background-*属性和box-shadow属性，分别设置背景和阴影效果。

CSS3的圆角边框实际上是在矩形的四个角分别做内切圆，然后通过设置内切圆的半径来控制圆角的弧度。border-radius基本语法格式如下：

```
border-radius: 1~4 length   | % / 1~4 length|%
```

length用于设置对象的圆角半径长度，不可为负值，%表示可以写成百分比。

border-radius属性的四个值是按照top-left、top-right、bottom-right和bottom-left的顺序来设置的，具体如下：

① 如果省略top-right，则其与top-left相同，其参数都是先y轴然后x轴。
② 如果省略bottom-left，则其与top-right相同。
③ 如果省略bottom-right，则与top-left相同。

其基本语法格式为

```
border-top-left-radius: <length>  <length>           // 左上角
border-top-right-radius: <length>  <length>          // 右上角
border-bottom-right-radius: <length>  <length>       // 右下角
border-bottom-left-radius: <length>  <length>        // 左下角
```

任务实现

1. 分析 banner 区域 HTML 文档结构

从以下banner轮播区域HTML文档结构可以看出，轮播区域主体下主要分为两个部分：第一部分是切换轮播图片的左右箭头；第二部分是轮播区域图片主体，因此我们在进行banner区域美化时也应通过不同选择器分区域进行。

```html
<div class="w">
    <div class="main">
        <div class="focus fl">
            <a href="javascript:;" class="arrow_l"></a>
            <a href="javascript:;" class="arrow_r"></a>
            <ul>
                <li>
                    <a href="#">
                        <img src="upload/focus0.jpg" alt="" id="navjpg">
                    </a>
                </li>
                ...//此处省略其他子菜单内容
            </ul>
            <ol class="circle">
            </ol>
        </div>
        <div class="newsflash fr">
            <div class="news">
```

```
                    <div class="news-hd">
                        好物商城快报
                        <a href="#"> 更多 </a>
                    </div>
                    <div class="news-bd">
                        <ul>
                            ...//此处省略其他子菜单内容
                        </ul>
                    </div>
                </div>
                <div class="lifeservice">
                    <ul>
                        ...//此处省略其他子菜单内容
                    </ul>
                </div>
                <div class="bargain">
                    <img src="upload/barg.jpg" alt="">
                </div>
            </div>
        </div>
    </div>
```

2. 轮播快报区域左右切图箭头美化效果实现

```
.arrow_l,
.arrow_r {
    display: none;
    position: absolute;
    top: 50%;
    margin-top: -20px;
    width: 24px;
    height: 40px;
    background-color: rgba(0, 0, 0, .4);
    text-align: center;
    line-height: 40px;
    color: #fff;
    font-family: 'icomoon';
    font-size: 18px;
    z-index: 2;
}
.arrow_r {
    right: 0;
}
```

任务 3.5 限时秒杀区域美化

任务描述

小李同学：张老师，我的"限时秒杀"区域页面显示如图3-20所示，还是纵向排列的，我想让他横向排列，我该怎么做？

张老师：想要实现"限时秒杀"区域美化效果，我们先来进行任务分析。

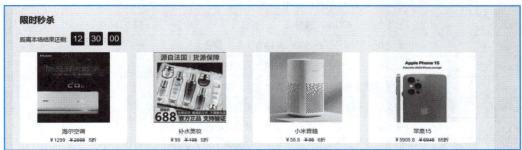

图 3-20　好物商城首页限时秒杀区域

任务分析

（1）首先明确HTML文件中"限时秒杀"区域标签节点的层次结构及含义。

（2）第一块区域为限时秒杀时间显示区域，如图3-21所示。

图 3-21　限时秒杀区第一块

（3）限时秒杀区域第二块区域div，类名为.recom-bd中第二块区域，由一个<ul>列表构成，<ul>下的每个子对象<li>代表一类产品，一个<li>下包含一张产品图片，如图3-22所示。

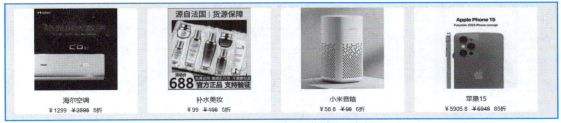

图 3-22　限时秒杀区域第二块

相关知识

一、cursor 属性

cursor属性规定要显示的光标的类型（形状）。该属性定义了鼠标指针放在一个元素边界范围内时所用的光标形状停止。常见的cursor属性见表3-11。

微视频

cursor 属性的使用

表 3-11 常见的 cursor 属性

值	描述
url	需使用的自定义光标的 URL。注释：请在此列表的末端始终定义一种普通的光标，以防没有由 URL 定义的可用光标
default	默认光标（通常是一个箭头）
auto	默认。浏览器设置的光标
crosshair	光标呈现为十字线
pointer	光标呈现为指示链接的指针
move	此光标指示某对象可被移动
e-resize	此光标指示矩形框的边缘可被向右（东）移动
ne-resize	此光标指示矩形框的边缘可被向上及向右移动（北/东）
nw-resize	此光标指示矩形框的边缘可被向上及向左移动（北/西）
n-resize	此光标指示矩形框的边缘可被向上（北）移动
se-resize	此光标指示矩形框的边缘可被向下及向右移动（南/东）
sw-resize	此光标指示矩形框的边缘可被向下及向左移动（南/西）
s-resize	此光标指示矩形框的边缘可被向下移动（南）
w-resize	此光标指示矩形框的边缘可被向左移动（西）
text	此光标指示文本
wait	此光标指示程序正忙
help	此光标指示可用的帮助

二、justify-content 属性

justify-content用于设置或检索弹性盒子元素在主轴（横轴）方向上的对齐方式。常见的justify-content属性见表3-12。

表 3-12 常见的 justify-content 属性

值	描述
flex-start	默认值。项目位于容器的开头
flex-end	项目位于容器的结尾
center	项目位于容器的中心
space-between	项目位于各行之间留有空白的容器内
space-around	项目位于各行之前、之间、之后都留有空白的容器内
initial	设置该属性为它的默认值
inherit	从父元素继承该属性

任务实现

1. 分析限时秒杀区域 HTML 文档结构

从以下限时秒杀区域HTML文档结构可以看出，限时秒杀区域类名"seckill"共分两个部分：第一部分类名为"seckill-countdown"，主要用于放置限时秒杀时间显示区域，

第二部分类名为"seckill-list"，主要用于秒杀内容显示。

```html
<div class="seckill">
    <h2>限时秒杀</h2>
    <div class="seckill-countdown">
        <span>距离本场结束还剩:</span>
        <span id="seckill-hour">12</span>:
        <span id="seckill-minute">30</span>:
        <span id="seckill-second">00</span>
    </div>
    <div class="seckill-list">
        <ul>
            <li>
                <a href="#">
                    <div class="seckill-img">
                        <img src="img/product1.jpg" alt="商品1">
                    </div>
                    <div class="seckill-name">海尔空调</div>
                    <div class="seckill-price">
                        <span class="seckill-price-now">￥1299</span>
                        <span class="seckill-price-origin"><del>￥2598</del></span>
                        <span class="seckill-price-discount">5折</span>
                    </div>
                </a>
            </li>
            <li>
                //此处省略同上<li></li>包含内容
            </li>
            <li>
                //此处省略同上<li></li>包含内容
            </li>
            <li>
                //此处省略同上<li></li>包含内容
            </li>
        </ul>
    </div>
</div>
```

2. 限时秒杀区域美化效果实现

```css
.seckill {
    padding: 20px;
    background-color: #f5f5f5;
    margin-left: 15%;
    width: 70%;
```

```css
        margin-top: 10px;
}

.seckill h2 {
    font-size: 24px;
    margin-bottom: 20px;
}

.seckill-countdown {
    font-size: 16px;
    margin-bottom: 20px;
}

.seckill-countdown span {
    margin-right: 5px;
}

.seckill-list ul {
    list-style: none;
    grid-template-columns: 1fr 1fr;
    grid-gap: 20px;
}
.seckill-list li{
    display: inline-block;
    width: 23%;
    text-align: center;
    background-color: #fff;
    border-radius: 2%;
    margin-right: 20px;
}

.seckill-img img {
    width: 100%;
    height: 200px;
}
.seckill-list a{
    width: 200px;
    display: inline-block;
    color: #333;
    text-decoration: none;


}

.seckill-name {
```

```
        font-size: 16px;
        margin-top: 10px;
    }
    .seckill-price {
        margin-top: 5px;
    }
    .seckill-price span {
        font-size: 14px;
        margin-right: 5px;
    }
```

任务3.6 网站栏目区域美化

任务描述

小李同学：张老师，我的首页网站栏目区域主要有三大块：热门商品、家居生活和美容护理，我想同时美化该如何设计呢？

张老师：想四大块一起美化，我们先来进行任务分析。

任务分析

（1）首先明确HTML文件中商场楼层区域标签节点的层次结构及含义。

（2）网站栏目区域<section>，类名为product-list，包含热门商品、家居生活、美容护理等三个部分。但三个部分每部分内容相同，因此，在CSS样式表中，只需要设置其中的一个部分。

（3）图3-23为其中的一个部分，即热门商品，此部分分为两个<div>，第一个<div>为类名为product-list first的标题以及链接部分，第二部分为商品展示区域，由<ul>中六个<li>组成。

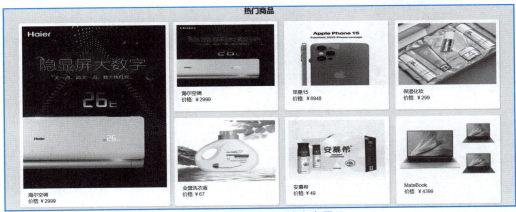

图3-23 网站栏目区域内容展示

相关知识

一、弹性布局 flex

Flex 是 Flexible Box 的缩写，意为"弹性布局"或者"弹性盒子"，是 CSS3 中的一种新的布局模式，可以简便、完整、响应式地实现各种页面布局，当页面需要适应不同的屏幕大小以及设备类型时非常适用。目前，几乎所有的浏览器都支持 Flex 布局。

弹性布局相关属性及含义见表 3-13。

表 3-13 常见的 flex 属性

属性	描述
display	指定 HTML 元素的盒子类型
flex-direction	指定弹性盒子中子元素的排列方式
flex-wrap	设置当弹性盒子的子元素超出父容器时是否换行
flex-flow	flex-direction 和 flex-wrap 两个属性的简写
justify-content	设置弹性盒子中元素在主轴（横轴）方向上的对齐方式
align-items	设置弹性盒子中元素在侧轴（纵轴）方向上的对齐方式
align-content	修改 flex-wrap 属性的行为，类似 align-items，但不是设置子元素对齐，而是设置行对齐
order	设置弹性盒子中子元素的排列顺序
align-self	在弹性盒子的子元素上使用，用来覆盖容器的 align-items 属性
flex	设置弹性盒子中子元素如何分配空间
flex-grow	设置弹性盒子的扩展比率
flex-shrink	设置弹性盒子的收缩比率
flex-basis	设置弹性盒子伸缩基准值

任务实现

1. 网站栏目区域 HTML 文档结构实现

```html
<section class="product-list">
    <h2>热门商品</h2>
    <div class="product-list first">
        <ul>
            <li>
                <img src="img/product1.jpg" alt="商品1">
                <p>海尔空调</p>
                <p>价格：￥2999</p>
            </li>
        </ul>
    </div>
    <div class="product-list second">
        <ul>
            <li>
```

```html
            <img src="img/product1.jpg" alt="商品1">
            <p>海尔空调</p>
            <p>价格：￥2999</p>
        </li>
        <li>
            <img src="img/product2.jpg" alt="商品2">
            <p>苹果15</p>
            <p>价格：￥6948</p>
        </li>
        <li>
            <img src="img/category2_product3.jpg" alt="商品3">
            <p>保湿化妆</p>
            <p>价格：￥299</p>
        </li>
        <!-- 添加更多美容护理商品 -->
        <li>
            <img src="img/product3.jpg" alt="商品4">
            <p>会盟洗衣液</p>
            <p>价格：￥67</p>
        </li>
        <li>
            <img src="img/product4.jpg" alt="商品5">
            <p>安慕希</p>
            <p>价格：￥49</p>
        </li>
        <li>
            <img src="img/product5.jpg" alt="商品6">
            <p>MateBook</p>
            <p>价格：￥4399</p>
        </li>
    </ul>
  </div>
 </section>
 <section class="product-list">
        <h2>家居生活</h2>
        //此处同上省略，只是文字和图片不一样
</section>
 <section class="product-list">
        <h2>美容护理</h2>
        //此处同上省略，只是文字和图片不一样
</section>
```

2. 网站栏目区域美化效果实现

```css
.section {
```

```css
  display: flex; /* 将商品列表设置为弹性布局 */
  flex-wrap: wrap; /* 允许商品列表换行 */
  justify-content: center; /* 将商品水平居中 */
}

.product-list {
  display: flex; /* 将商品列表设置为弹性布局 */
  flex-wrap: wrap; /* 允许商品列表换行 */
  justify-content: center; /* 将商品水平居中 */
}
.product-list ul {
  list-style-type: none;
  padding: 0;
  margin: 0;
  display: flex;
  flex-wrap: wrap;
}


.product-list h2 {
  flex-basis: 100%;
  text-align: center; /* 将标题居中 */
  font-size: 24px; /* 设置标题字体的大小 */
  margin-bottom: 20px; /* 控制标题下边的间距 */
}

.product-list ul {
  list-style: none; /* 移除列表的默认样式 */
  padding: 0; /* 移除列表的内边距 */
  margin: 0; /* 移除列表的外边距 */
}

.product-list li {
  width: 300px; /* 控制商品盒子的宽度 */
  margin: 0 10px 20px; /* 控制商品盒子的外边距 */
  padding: 10px; /* 控制商品盒子的内边距 */
  background-color: #fff; /* 设置背景色 */
  border: 1px solid #eee; /* 设置边框 */
  border-radius: 5px; /* 设置边框圆角 */
  box-shadow: 2px 2px 4px rgba(0, 0, 0, 0.1); /* 添加阴影效果 */
  overflow: hidden; /* 设置溢出隐藏 */
  flex: 0 0 30%;
}
```

```css
.product-list .first{
    flex: 0 0 35%;
}
.first li{
     flex: 0 0 150%;
}

.first li img {
  width: 100%; /* 控制商品图片的宽度 */
  height: 530px; /* 控制商品图片的高度 */

  display: block; /* 将图片设置为块级元素 */
  margin-bottom: 10px; /* 控制图片下边的间距 */
}
.product-list .second{
    flex: 0 0 65%;
}
.second li{
    flex: 0 0 27%;
}

.second li img {
  width: 100%; /* 控制商品图片的宽度 */
  height: 200px; /* 控制商品图片的高度 */

  display: block; /* 将图片设置为块级元素 */
  margin-bottom: 10px; /* 控制图片下边的间距 */
}

.first li p,.second li p {
  font-size: 16px; /* 设置文字大小 */
  margin: 0;
  padding: 0 15px; /* 控制文字的内边距 */
}

.first li p.title,.second li p.title {
  font-weight: bold; /* 设置标题文字为粗体 */
  margin-bottom: 5px; /* 控制标题下边的间距 */
}

.first li p.price,.second li p.price {
  margin-top: 10px; /* 控制价格上边的间距 */
  font-size: 18px; /* 设置价格字体的大小 */
  color: #ff6a00; /* 设置文字颜色为橙色 */
  font-weight: bold; /* 设置价格文字为粗体 */
}
```

任务3.7 网页底部区域美化

任务描述

小李同学:张老师,大部分美化做好了之后,我的网页感觉已经基本完工了!

张老师:小李同学,你又着急了,底部区域是不是还是一团糟呀,你想想看怎么设计。

小李同学:老师,我想上面放一排图标和文字,显示网页上商城的服务,比如品质保障、极速配送等。旁边再配上公众号的二维码,最下面再放上网页认证的图标,您看怎么样?

张老师:小李同学,你很有想法啊,不过工作量可不小,让老师给你分析。

任务分析

(1)首先明确HTML文件中底部区域标签节点的层次结构及含义。

(2)底部区域<footer></footer>标签包含两个<div>,第一个div为底部内容,类名为footer-content,其包含的每一个内容又是一个div,类名为footer-item,此处没有采用常用的<ul><li>标签;第二个div为底部链接,类名为footer-links,最终效果如图3-24所示。

图3-24 底部区域实现效果图

任务实现

1. 底部区域 HTML 文档结构实现

```
    <!-- 底部 -->
      <footer>
    <div class="footer-content">
        <div class="footer-item">
            <h4>品质保障</h4>
            <p>让您买到放心的好物</p>
        </div>
        <div class="footer-item">
            <h4>低价保障</h4>
            <p>享受最实惠</p>
        </div>
        <div class="footer-item">
            <h4>便捷购物</h4>
            <p>一站式购物</p>
        </div>
        <div class="footer-item">
            <h4>极速配送</h4>
            <p>更加舒适与轻松</p>
```

```html
            </div>
            <div class="footer-item">
                <h4>精选之选</h4>
                <p>总能找到您想要的那一款</p>
            </div>
            <div class="footer-item">
                <h4>物超所值</h4>
                <p>物有所值,品质无忧</p>
            </div>
            <div class="footer-item">
                <h4>全球优品</h4>
                <p>买遍全球优质商品</p>
            </div>


        </div>
        <div class="footer-links">
            <a href="#">关于我们</a>
            <a href="#">联系我们</a>
            <a href="#">联系客服</a>
            <a href="#">合作招商</a>
            <a href="#">商家帮助</a>
            <a href="#">营销中心</a>
            <a href="#">友情链接</a>
            <a href="#">销售联盟</a>
            <a href="#">社区自助</a>
            <a href="#">风险监测</a>
            <a href="#">质量公告</a>
            <a href="#">隐私政策</a>
            <a href="#">社区服务</a>
        </div>

    </footer>
```

2. 底部区域美化效果实现

(1) 底部区域美化效果的实现,可以拆分为四个部分。第一部分,对底部整体进行美化,通过元素选择器和类选择器,对底部整体进行样式的设置。

```css
.footer {
    margin-top: 300px;
}
```

(2) 第二部分,对底部区域第一行进行美化,如图3-25所示。底部区域第一行用于展示本项目中网站的特色服务,主要分为五个部分,每个部分中既有图片,又有文字。对应本部分HTML中的类,使用mod_service选择器选择底部区域第一行进行美化,五个部分依然使用无序列表ul li排列。

图 3-25 底部区域实现效果

```css
.footer-content {
  display: flex;
  justify-content: space-between;
  flex-wrap: wrap;
}

.footer-item {
  width: 200px;
  margin-bottom: 20px;
}

.footer-item h4 {
  font-size: 16px;
  font-weight: bold;
  margin-bottom: 5px;
}

.footer-item p {
  margin: 0;
  color: #666;
}
```

(3) 第三部分, 对底部链接内容进行美化, 其最终效果如图3-26所示。

图 3-26 底部区域第二行内容美化效果

```css
footer {
  background-color: #333;
  color: #fff;
  text-align: center;
}
.footer-links{
    background-color: #f8f8f8;
    padding: 20px;
    text-align: center;
    font-size: 14px;
}
.footer-links a {
  margin-right: 10px;
  color: #666;
  text-decoration: none;
}
```

（4）第四部分，也是底部区域以及本网页项目美化中的最后部分，如图3-27所示两段内容。第一段为"关于我们""联系我们""联系客服"等分类链接区；第二段内容为公司地址、邮编等联系方式，以及备案号。因此在此部分，我们只需要使用.mod_copyright设置整体居中对齐，.mod_copyright_links设置链接区域行高，.mod_copyright_info设置第二段行高即可。

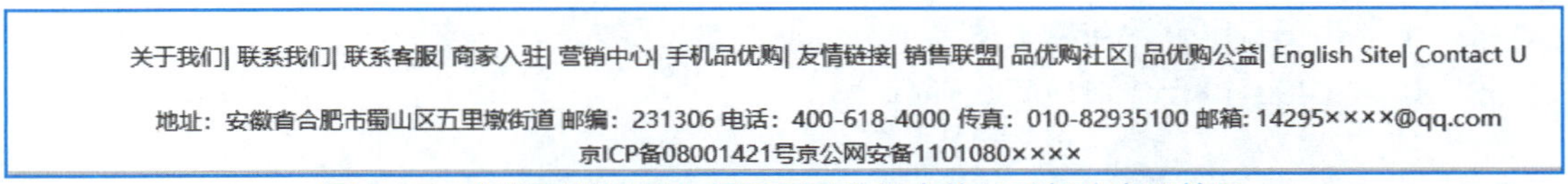

关于我们| 联系我们| 联系客服| 商家入驻| 营销中心| 手机品优购| 友情链接| 销售联盟| 品优购社区| 品优购公益| English Site| Contact U
地址： 安徽省合肥市蜀山区五里墩街道 邮编： 231306 电话： 400-618-4000 传真： 010-82935100 邮箱： 14295××××@qq.com
京ICP备08001421号京公网安备1101080××××

图 3-27 底部区域以及本网页项目美化中的最后部分实现效果

```css
.mod_copyright {
    text-align: center;
}
.mod_copyright_links {
    margin: 20px 0 15px 0;
}
.mod_copyright_info {
    line-height: 18px;
}
```

拓展训练

小李同学：张老师，上面的任务就是我为自己的好物商城网站首页美化出来的效果，您觉得怎么样？

张老师：很好，但是你不觉得页面的整体还是有些瑕疵吗？

小李同学：是的，老师，我觉得我的网页对于手机等移动端用户来说可能不太友好。

张老师：这里就需要用到弹性布局去设置了。

小李同学：老师，我不会做。

张老师：CSS3的知识你已经基本全部建构了起来，是时候自己去做一部分了，只有脱离了老师的指导，自己真正地去美化好一个网页，才能算是真正的掌握了网页的美化和CSS3的使用，明白吗？

小李同学：我明白了，张老师，那我现在去完善弹性布局，做好了再给您看，请您指点。

张老师：好的，去吧，我等你的作品，有问题及时联系。

项目小结

在本项目，根据做好的页面结构，设计不同的任务来美化页面：导航栏背景、图标、突出显示、整体页面设置等。通过前端页面的美化操作，使读者熟练地掌握了CSS3的使用。

1. 请美化图1-14古诗词网页整体通用样式与头部区域。
2. 请美化图1-14古诗词网页导航区域。
3. 请美化图1-14古诗词网页banner轮播区。
4. 请美化图1-14古诗词网页主体部分。
5. 请美化图1-14古诗词网页底部区域。

项目四
响应式 Web 页面移动端设计

重点知识：
- 视口
- 媒体查询

■ 响应式网页设计是指使得同一套网站代码在不同的设备上展现出不同效果的网页设计技术。

情境创设

小李同学经过前面Web前端基础知识的学习，已经能够简单地做些网页了，但是他发现同一个网站在计算机端、手机端和平板端显示效果相同，但是体验却非常不好，那如何能让同一个网站能够自适应不同的设备呢，使得用户的体验效果更好些，于是小李同学带着这个疑问找到了张老师。

小李同学：张老师，请问怎么能让同一个网站自适应不同的设备呢，使得显示效果更好，用户体验也更好呢？

张老师：你发现的这个问题非常好，现在随着互联网的发展，人们上网所使用的设备也越来越多，比如手机、平板、计算机，不同的设备尺寸不同，如果都使用同一套代码不进行修改，将会使网站的显示效果非常不好，用户的体验也会非常不好。

小李同学：那怎么才能使得同一套代码自适应不同的设备呢？

张老师：通过今天知识的学习，你就会掌握了。

学习目标

◎掌握视口的设置。
◎掌握媒体查询的使用方法。
◎综合运用响应式网页设计技术制作移动端Web页面。

项目四 响应式Web页面移动端设计

知识导图

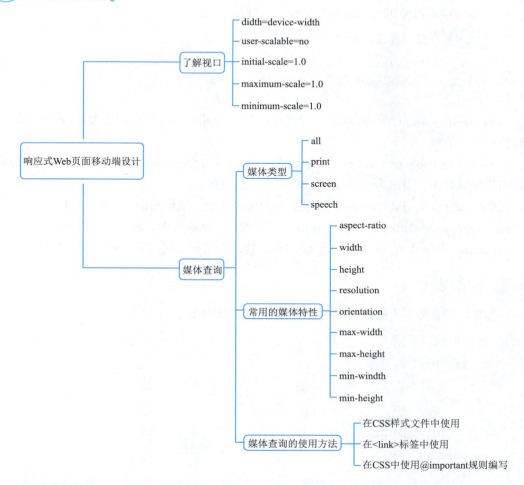

任务 4.1 了解视口

任务描述

张老师听了小李同学对于同一个网站不能自适应不同设备的疑惑,给小李同学进行了知识的讲解。首先我们来学习什么是视口,在本任务中,针对一个没有视口设置的测试页面添加视口设置。

微视频

视口

任务分析

小李同学:老师,什么是视口?

张老师:视口(viewport)是用户在网页上的可见区域,视口的大小是随着设备的不同而变化的,通常在手机上比在计算机上要小。

小李同学:那我知道了,谢谢老师。

107

相关知识

在HTML5中可以使用<meta>标签来设置视口。

例 4.1 设置视口，示例代码如下：

```
<meta name="viewport" content="width=device-width, user-scalable=no, initial-scale=1.0,maximum-scale=1.0, minimum-scale=1.0">
```

代码说明：

width=device-width：width用来设置视口的宽度，width的值可以设置为device-width，也可以设置为正整数。

user-scalable=no：user-scalable用来设置是否允许用户手动缩放页面，当值为no时表示不允许用户缩放页面；当值为yes时表示允许用户缩放页面。

initial-scale=1.0：initial-scale用来设置初始缩放比例，取值范围为[0.0，10.0]。

maximum-scale=1.0：maximum-scale用来设置最大缩放比例，取值范围为[0.0，10.0]。

minimum-scale=1.0：minimum-scale用来设置最小缩放比例，取值范围为[0.0，10.0]。

任务实现

添加视口设置和不添加视口设置时页面显示的效果不同。

1. 不添加视口设置

```
<!DOCTYPE html>
<html>
    <head>
        <meta charset="utf-8">
        <title></title>
    </head>
    <body>
        <p>这是测试页面。这是测试页面。这是测试页面。这是测试页面。这是测试页面。这是测试页面。这是测试页面。这是测试页面。这是测试页面。这是测试页面。这是测试页面。这是测试页面。这是测试页面。这是测试页面。这是测试页面。这是测试页面。这是测试页面。这是测试页面。这是测试页面。这是测试页面。这是测试页面。</p>
    </body>
</html>
```

各端口运行效果如图4-1～图4-3所示，没有添加视口设置，所以显示不清晰。

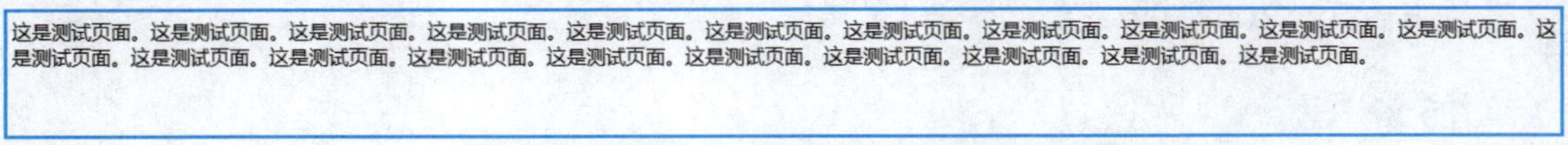

图 4-1 不添加视口设置时 PC 端显示效果

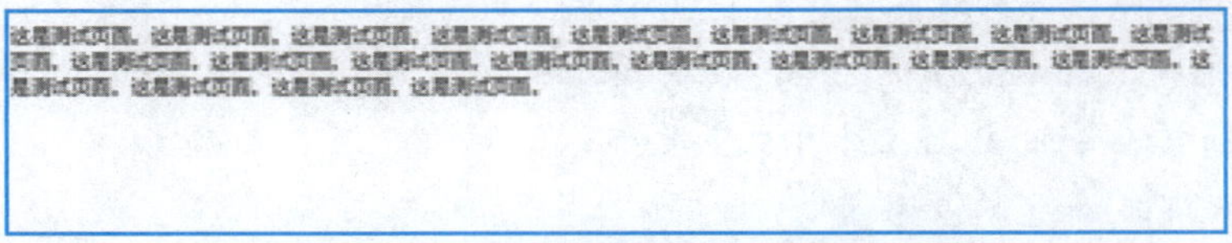

图 4-2 不添加视口设置时手机端显示效果

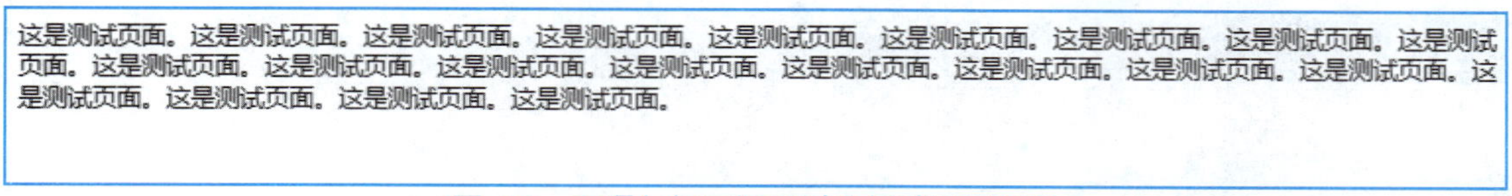

这是测试页面。这是测试页面。这是测试页面。这是测试页面。这是测试页面。这是测试页面。这是测试页面。这是测试页面。这是测试页面。这是测试页面。这是测试页面。这是测试页面。这是测试页面。这是测试页面。这是测试页面。这是测试页面。这是测试页面。

图 4-3　不添加视口设置时平板端显示效果

2. 添加视口设置

```html
<!DOCTYPE html>
<html>
    <head>
        <meta charset="utf-8">
        <meta name="viewport" content="width=device-width, initial-scale=1.0">
        <title></title>
    </head>
    <body>
        <p>这是测试页面。这是测试页面。这是测试页面。这是测试页面。这是测试页面。这是测试页面。这是测试页面。这是测试页面。这是测试页面。这是测试页面。这是测试页面。这是测试页面。这是测试页面。这是测试页面。这是测试页面。这是测试页面。这是测试页面。</p>
    </body>
</html>
```

运行效果如图4-4～图4-6所示，添加视口设置，显示更为清晰。

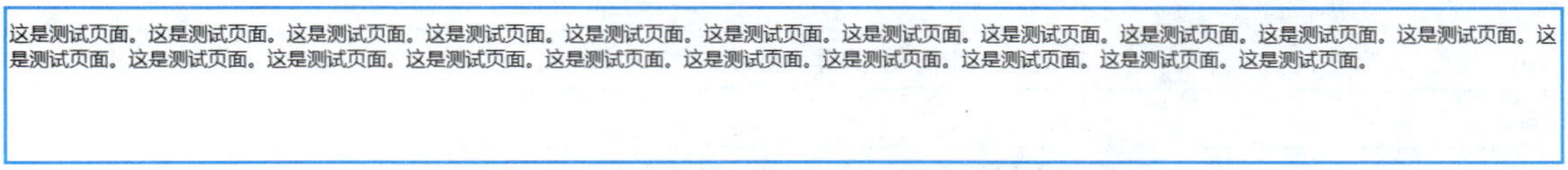

这是测试页面。这是测试页面。这是测试页面。这是测试页面。这是测试页面。这是测试页面。这是测试页面。这是测试页面。这是测试页面。这是测试页面。这是测试页面。这是测试页面。这是测试页面。这是测试页面。这是测试页面。这是测试页面。这是测试页面。

图 4-4　添加视口设置时 PC 端显示效果

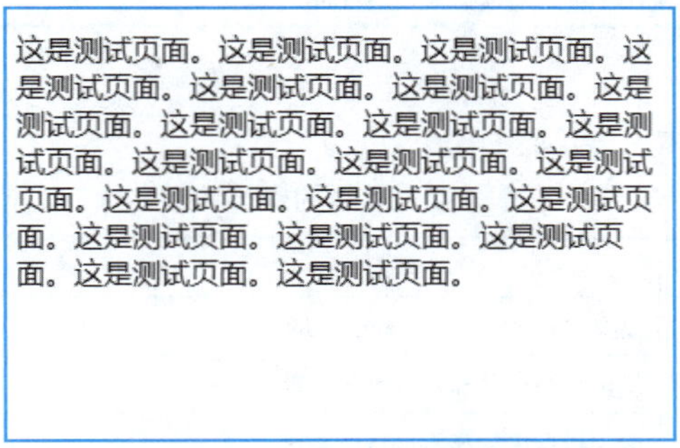

这是测试页面。这是测试页面。这是测试页面。这是测试页面。这是测试页面。这是测试页面。这是测试页面。这是测试页面。这是测试页面。这是测试页面。这是测试页面。这是测试页面。这是测试页面。这是测试页面。这是测试页面。这是测试页面。这是测试页面。

图 4-5　添加视口设置时手机端显示效果

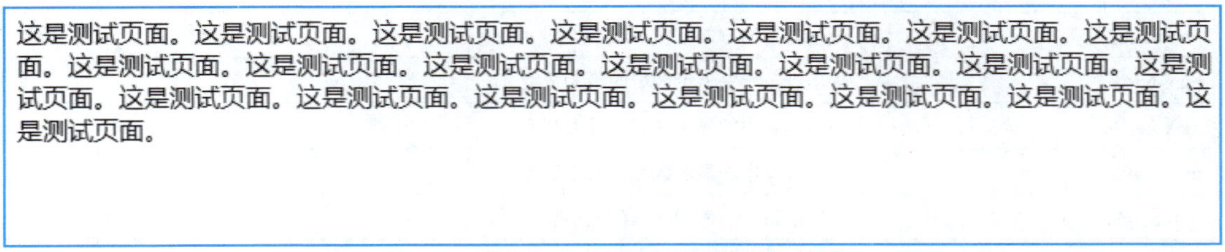

这是测试页面。这是测试页面。这是测试页面。这是测试页面。这是测试页面。这是测试页面。这是测试页面。这是测试页面。这是测试页面。这是测试页面。这是测试页面。这是测试页面。这是测试页面。这是测试页面。这是测试页面。这是测试页面。这是测试页面。

图 4-6　添加视口设置时平板端显示效果

任务4.2 媒体查询

媒体查询

 任务描述

小李同学：张老师，我已经了解了响应式网页设计中的视口以及视口的设置，那怎么来实现响应式网页设计呢？

任务分析

张老师：想要实现响应式网页设计需要再学习一个新的知识——媒体查询。

相关知识

一、认识媒体查询

媒体查询可以根据媒体类型和检查媒体特性的条件表达式来应用不同的CSS样式。

二、媒体查询的相关知识

1. 媒体类型

媒体类型具体见表4-1。

表4-1 媒体类型

值	描述
all	默认值，用于所有媒体类型设备
print	用于打印机
screen	用于计算机屏幕、平板电脑、智能手机等
speech	用于屏幕阅读器等发声设备

2. 常用的媒体特征

常用的媒体特性，具体见表4-2。

表4-2 常用的媒体特性

值	描述
aspect-ratio	定义'width'与'height'的比例
width	输出设备中的显示区域的宽度
height	输出设备中的显示区域的高度
resolution	输出设备的分辨率
orientation	设备屏幕的方向：横屏或是竖屏
max-width	输出设备中的显示区域的最大宽度
max-height	输出设备中的显示区域的最大高度
min-width	输出设备中的显示区域的最小宽度
min-height	输出设备中的显示区域的最小高度

3. 媒体查询的使用方法

（1）直接在CSS样式文件中使用，示例代码如下：

```
<style>
@media screen and (max-width: 992px) {
  body{
    background-color: green;
  }
}
</style>
```

（2）在<link>标签中使用，示例代码如下：

```
<link rel="stylesheet" media="screen and (max-width: 992px)" href="aa.css" />
```

（3）在CSS中使用@import规则编写，示例代码如下：

```
@import url("aa.css") screen and (max-width:992px);
```

任务实现

根据屏幕宽度实现响应式网页设计。

```
<!DOCTYPE html>
<html>
<head>
<meta name="viewport" content="width=device-width, initial-scale=1">
<style>
body {
      background-color: rgb(82, 157, 255);
      color: rgb(0, 0, 0);
      margin: 0;
      font-size: 3em;
    }
    .aa {
      text-decoration: none;
      text-align: center;
      color:  rgb(0, 0, 0);
      padding: 20px;
      border: 1px solid blanchedalmond;
      background-color: #62c180;
      font-size: 1em;
    }
@media screen and (max-width: 600px) {
  .aa {
    display:none;
  }
}
```

```
        </style>
    </head>
    <body>
    <div class="aa">水果</div>
    <div class="aa">蔬菜</div>
    <p>屏幕宽度在小于或等于600px时导航栏隐藏</p>
    </body>
</html>
```

运行代码效果如图4-7和图4-8所示。

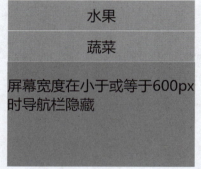
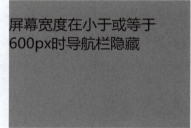

图4-7　屏幕宽度大于600 px时导航栏显示　　图4-8　屏幕宽度小于或等于600 px时导航栏隐藏

任务4.3　网页移动端设计

微视频

响应式网页设计

任务描述

小李同学：张老师，日常生活中我们进行上网的设备很多，有手机、平板电脑、笔记本电脑/台式机等。通过媒体查询的方式怎么实现一套代码就能自适应在不同设备上显示，使得用户的体验更好呢？

张老师：前面你已经了解学习了视口和媒体查询相关知识，可以利用这些知识，来开发一套代码实现移动端的设计。

任务分析

不同的设备，显示区域的宽度不同，超小型设备（电话）的显示区域宽度在600 px及以下，小型设备（纵向平板电脑和大型手机）的显示区域宽度在600 px及以上，中型设备（横向平板电脑）的显示区域的宽度在768 px及以上，大型设备（笔记本电脑/台式机）的显示区域宽度在992 px及以上，超大型设备（大型笔记本电脑和台式机）的显示区域宽度在1 200 px及以上。

任务实现

针对手机、平板电脑、笔记本电脑/台式机通过媒体查询方式实现移动端网页布局设计，代码如下：

```html
<!DOCTYPE html>
<html>
<head>
<meta name="viewport" content="width=device-width, initial-scale=1">
<style>
* {
  box-sizing: border-box;
}
 body {
        background-color: rgb(82, 157, 255);
        color: rgb(0, 0, 0);
        margin: 0;
    }
.a {
  float: left;
  width: 25%;
  padding: 20px;
  text-decoration: none;
  text-align: center;
  color:  rgb(0, 0, 0);
  border: 1px solid blanchedalmond;
  background-color: #62c180;
  font-size: 2em;
}
@media screen and (max-width: 992px) {
  .a {
    width: 50%;
  }
}
@media screen and (max-width: 600px) {
  .a {
    width: 100%;
  }
}
</style>
</head>
<body>
<div class="aa">
  <div class="a">
  <h2>水果</h2>
  </div>
  <div class="a">
  <h2>蔬菜</h2>
  </div>
```

```
            <div class="a">
            <h2>零食</h2>
            </div>
            <div class="a">
            <h2>日用百货</h2>
            </div>
        </div>
    </body>
</html>
```

运行代码效果如图4-9～图4-11所示。

图 4-9 笔记本电脑/台式机端（大于 992 px 时）显示效果

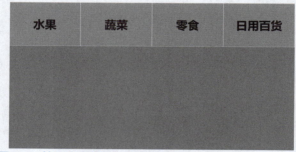

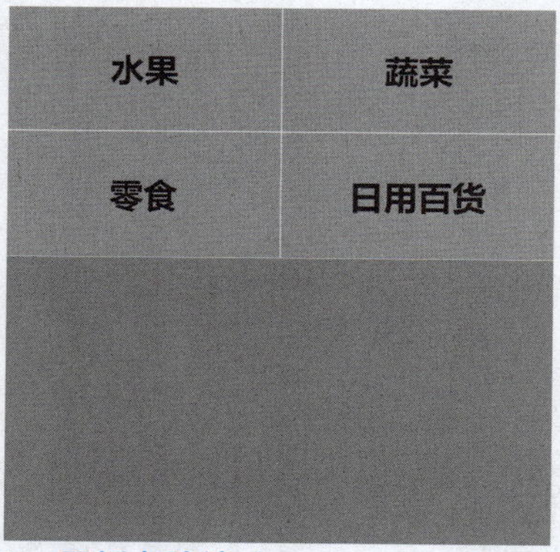

图 4-10 平板电脑端（600～992 px）显示效果 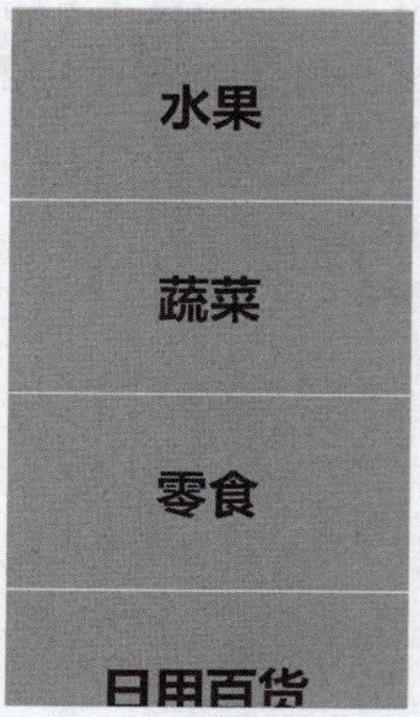   图 4-11 手机端（小于或等于 600 px 时）显示效果

拓展训练

小李同学：张老师，上面的任务就是我做的通过媒体查询方式实现的响应式布局，您觉得怎么样？

张老师：非常好，通过以上任务的学习你已经掌握了响应式网页设计，后面还需要多加练习，才能更加熟练运用知识。

小李同学：好的，老师，我们正好最近在做一个图1-14所示的中国古诗词欣赏网站，静态页面已经设计出来。为了提高同学们学习传统文化的兴趣，陶冶同学们的情操，给同学们最好的体验，我要好好地设计这个网站，以实现响应式布局。

张老师赞许地点点头：很棒，可以进行三个不同设备的响应式布局设计，手机端、平板电脑端、笔记本电脑/台式机端。你先设计实现，如果遇到问题可以随时与我沟通交流。

在本项目中，结合前面学习的Web前端的基础知识，利用本项目知识可以实现针对不同设备通过媒体查询方式实现响应式布局，使读者熟练地掌握视口、媒体查询相关知识进行网页移动端设计。

针对不同设备实现图1-14所示网页的移动端布局设计。

项目五
Web 前端页面交互效果设计
——好物商城网站首页交互效果设计

重点知识：
- JavaScript 基本语法和程序结构
- JavaScript 函数、数组
- JavaScript 面向对象的定义及使用
- JavaScript 事件定义及使用

■ JavaScript 是一种解释性脚本语言，已经被广泛用于 Web 应用开发，为网页添加各式各样的动态交互功能，为用户提供更流畅美观的浏览效果。JavaScript 脚本通常是通过嵌入在 HTML 文件中来实现自身的交互功能，具有跨平台特性，能在绝大多数浏览器的支持下运行。

项目五 | Web前端页面交互效果设计——好物商城网站首页交互效果设计

情境创设

小李同学经过张老师的指点，自己不断地求索、实践，终于利用HTML5+CSS3制作出了一个精美的静态网站。看着自己的作品，小李同学体会到了成功的喜悦，急于想给自己的好朋友小刘分享。

小李同学：小刘，快看我做的购物网站，好看吗？

小刘同学：你做的网站美则美矣，但是不友好，没有交互，你看，我鼠标移来移去，没有任何反应！不像淘宝等购物网站，当我鼠标移动到导航菜单时，有当前菜单提示，还有大量的广告图片轮播，展示不同的商品或效果等，非常友好、吸引人。

小李同学：是哦，看来我又要学习新知识了，我去问问张老师。

学习目标

◎掌握JavaScript基本语法和程序结构。

◎掌握JavaScript函数、数组和面向对象的定义和使用方法。

◎掌握JavaScript事件定义和使用方法，熟练使用JavaScript进行DOM操作。

◎综合运用JavaScript编程技术开发交互效果设计制作程序。

知识导图

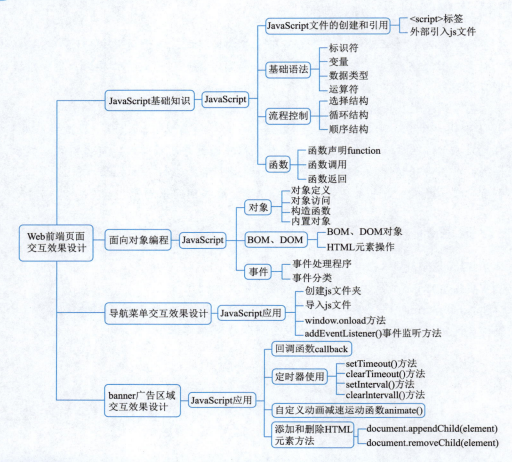

任务5.1 学习 JavaScript 基础知识

任务描述

张老师听了小李同学对自己好物商城电子商务网站交互效果设计制作的诉求，一脸欣慰地看着小李：嗯嗯，不错，有诉求有疑惑才有进步，一个好的电商网站，一定是对用户友好的，这个需要学习JavaScript语言的知识，可以多浏览购物网站，分析它们的交互效果设计，然后学以致用。你先通过一个最简单的编程求任意两个整数的和，来学习JavaScript语言。

任务分析

小李同学：老师，如果编程实现任意两个整数的求和，需要学习JavaScript语言哪些知识呢？

张老师：JavaScript语言包含的知识比较多，数据类型、控制结构、函数、对象和事件等，它是前端开发框架的基础，掌握了JavaScript语言，才能更好地运用前端框架技术如

Vue.js编程实现前端交互。

小李同学：我明白了，谢谢老师，我先学习JavaScript基础方面的知识。

相关知识

一、认识 JavaScript

JavaScript是一种解释性脚本语言，已经被广泛用于Web应用开发，为网页添加各式各样的动态交互功能，为用户提供更流畅美观的浏览效果。JavaScript脚本通常嵌入在HTML文件中来实现自身的交互功能，具有跨平台特性，能在绝大多数浏览器的支持下运行。

小李同学：老师，JavaScript脚本怎么嵌入到HTML文件中运行呢？

张老师：可以通过嵌入式、外链式将JavaScript脚本嵌入到HTML网页文件中。

微视频

变量

1. 嵌入式

JavaScript编程代码必须放在 \<script\> 与 \</script\> 标签之间。\<script\>包含的脚本可被放置在 HTML 页面的 \<body\>\</body\> 和 \<head\>\</head\>部分中。

例 5.1 嵌入式示例。

```
//网页弹出对话框：显示欢迎内容，"Hello,welcome to learn JavaScript"
<script> window.alert("Hello,welcome to learn JavaScript"); </script>
```

2. 外链式

外链式是指将JavaScript代码保存到一个单独的文件中，通常使用".js"作为文件的扩展名，然后在HTML文件中使用\<script\>标签的src属性引入js文件。

例 5.2 将例5-1改成外链式示例。

第一步，先在js文件夹下建立demo_1.js文件，并输入代码如下：

```
window.alert("Hello,welcome to learn JavaScript");
```

第二步，在html文件中需要代码的位置，导入对应的demo_1.js文件，输入代码如下：

```
<script src="js/demo_1.js"></script>
```

小李同学：老师，我明白了，那针对 JavaScript脚本语言，我需要掌握哪些知识呢？

张老师：JavaScript脚本语言包含许多语法概念，如变量、数据类型、程序控制结构、函数、对象、事件等，我们来一一学习。

二、标识符和变量

1. 标识符

在计算机编程语言中，标识符是用户编程时使用的名字，用于给变量、常量、函数、对象等命名，以建立起名称与使用之间的关系。标识符的定义需要遵循一定的命名规则。

（1）标识符由字母（A～Z，a～z）、数字（0～9）、下划线"_"和美元符号"$"组成，并且首字符不能是数字，可以是字母、下划线和美元符号。例如，正确的标识符：abc、a1、prog_to、$name。

（2）不能把JavaScript关键字作为用户标识符，如var等。
（3）标识符对大小写敏感，即严格区分大小写。如age和Age代表两个不同的标识符。
（4）标识符命名应做到"见名知意"，例如，长度（length）、求和（sum）、圆周率（pi）等。

2. 变量

JavaScript变量是用于存储信息的"容器"，通常利用var关键字声明，在JavaScript，var也可以省略。变量的命名规则和标识符相同。举例如下：

```
// 定义变量num
var num;
// 给变量赋值
num=9;
// 定义变量name,并初始化值为"John"
var name="John";
```

小李同学：张老师，定义好了变量，怎么运行查看变量的值？
张老师：运行查看变量的值，在JavaScript中，通常有四种输出方式进行查看。

3. JavaScript 输出

JavaScript可以通过不同的方式来运行调试输出数据，主要有如下四种：
（1）利用window.alert()弹出警告框。
（2）利用document.write()方法将内容写到HTML文档中。
（3）利用console.log()写入到浏览器的控制台。
（4）利用innerHTML写入到 HTML 元素在网页中显示。
举例和运行结果如下：

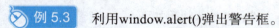

例 5.3　利用window.alert()弹出警告框。

```
<!DOCTYPE html>
<html>
    <head>
        <meta charset="utf-8">
        <title></title>
    </head>
    <body>
        <script type="text/javascript">
            var num;
            num=9;
            // 利用window.alert()弹出警告框,显示变量num的值
            window.alert(num);
        </script>
    </body>
</html>
```

在Chrome浏览器中运行结果如图5-1所示（本书所有运行结果都以Chrome浏览器为例进行展示）。

图 5-1　弹出警告对话框

例 5.4　利用document.write()方法输出到HTML网页上。

```
<!DOCTYPE html>
<html>
    <head>
        <meta charset="utf-8">
        <title></title>
    </head>
    <body>
        <script type="text/javascript">
            var num;
            num=9;
            // 利用document.write()将变量num的值在网页中显示
            document.write(num);
        </script>
    </body>
</html>
```

运行结果如图5-2所示。

图 5-2　在网页中输出内容

例 5.5　利用console.log()方法将结果在浏览器的控制台输出。

```
<!DOCTYPE html>
<html>
    <head>
        <meta charset="utf-8">
        <title></title>
    </head>
    <body>
        <script type="text/javascript">
            var num;
            num=9;
            // 利用console.log()将变量num的值在浏览器控制台中显示
            console.log(num);
        </script>
```

```
        </body>
</html>
```

在浏览器中运行后按【F12】键,打开调试器,单击Console控制台,结果如图5-3所示。

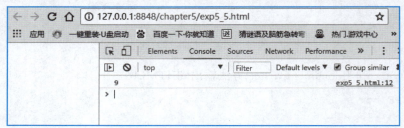

图5-3 在控制台中输出内容

例 5.6 利用HTML元素对象属性innerHTML输出到HTML元素中并在网页显示。

```
<!DOCTYPE html>
<html>
    <head>
        <meta charset="utf-8">
        <title></title>
    </head>
    <body>
        <p id="show"></p>
        <script>
            var num;
            num=9;
// 利用document.getElementById("show")获取id为show的HTML元素<p>对象
// 利用HTML元素对象的属性innerHTML将num的值输出到HTML元素<p>中
            document.getElementById("show").innerHTML = "这是利用属性innerHTML输出的内容"+num;
        </script>
    </body>
</html>
```

运行结果如图5-4所示。

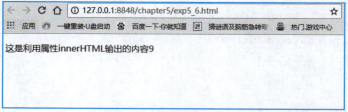

图5-4 在网页中显示内容

小李同学:张老师,如果变量num没有赋值,会输出什么值呢?

张老师:这个问题问得好,特别注意,变量如果没有赋值,输出未定义型的值undefined。

小李同学：张老师，什么是未定义型？

张老师：这就是我们接下来要讲到的JavaScript数据类型。

4. 数据类型

JavaScript数据类型主要有基本类型(值类型)和引用数据类型。

基本数据类型主要有字符串型（string）、数值型（number）、布尔型（boolean）、空型（null）、未定义型（undefined）。

引用数据类型主要有数组（array）、函数（function）和对象（object）。

（1）字符串型是JavaScript用来表示文本的数据类型，主要包含在单引号（' '）或双引号（" "）中。

示例代码如下：

```
var str='mike';
var city="beijing";
```

（2）数值型是基础的数据类型。JavaScript中的数值型并不区分整数和浮点数，所有数字都是数值型。

张老师：特别注意，数值型有一个特殊的值—NaN，表示非数值，而且NaN与NaN进行比较时，即表达式NaN==NaN，结果不一定为真。如果判断一个值是非数值NaN，需要使用函数isNaN()来进行判断。

（3）布尔型是常用的JavaScript类型，通常用于逻辑判断。它的值只有两个，真（true）和假（false）。

（4）空型只有一个特殊的值null,用于表示一个不存在的或无效的对象或地址。

（5）未定义型也只有一个特殊的值undefined，用于定义声明的变量还没有被初始化时，变量的默认值为undefined。

小李同学：张老师，学习了数据类型，我想编写代码进行数据的运算，JavaScript有哪些运算符？

张老师：JavaScript提供了多种类型的运算符，常用的有算术运算符、赋值运算符、比较运算符、逻辑运算符、三元运算符、字符串运算符和类型运算符。

5. 运算符

（1）算术运算符，见表5-1。

表5-1 算术运算符

运算符	描述	示例	结果
+	加	1+6	7
-	减	9-0	9
*	乘	3*7	21
/	除	5/2	2.5
%	取模（求余）	16%5	1
++	自增	a=3;a++;	a=4;
--	自减	b=3;b--;	b=2;

（2）赋值运算符，见表5-2。

表 5-2 赋值运算符

运算符	描述	示例（x=3,y=5;）	结果
=	赋值：x = y	x = y;	x=5,y=5;
+=	加并赋值：x = x + y	x += y;	x=8,y=5;
-=	减并赋值：x = x - y	x -= y;	x=-2,y=5;
*=	乘并赋值：x = x * y	x *= y;	x=15,y=5;
/=	除并赋值：x = x / y	x /= y;	x=0.6,y=5;
%=	取模并赋值：x = x % y	x %= y;	x=3,y=5;

（3）比较运算符，见表5-3。

表 5-3 比较运算符

运算符	描述	示例（x=3,y=5;）	结果
==	等于	x == y;	false
===	等值等型	x === y;	false
!=	不相等	x != y;	true
!==	不等值或不等型	x !== y;	true
>	大于	x > y;	false
<	小于	x < y;	true
>=	大于或等于	x >= y;	false
<=	小于或等于	X<= y;	true

（4）逻辑运算符，见表5-4。

表 5-4 逻辑运算符

运算符	描述	示例	结果
&&	逻辑与	x && y;	x 和 y 都为 true，结果为 true，其他都为 false
||	逻辑或	x|| y;	x 和 y 都为 false，结果为 false，其他都为 true
!	逻辑非	!x ;	x 为假，结果为 true。非假即真，非真即假

（5）三元运算符，见表5-5。

表 5-5 三元运算符

运算符	描述	示例（x=3,y=5;）	结果
条件表达式？表达式1：表达式2	问号前面的位置是判断的条件，判断结果为布尔型，为 true 时调用表达式1，为 false 时调用表达式2	x>y?console.log(x):console.log(y)	控制台输出 y 的值 5

（6）字符串运算符，见表5-6。

表 5-6 字符串运算符

运算符	描述	示例（x='3',y='5'）	结果
+	运算符两边操作数为字符串型，则 + 号为字符串连接运算符	console.log(x+y);	控制台输出结果为 35
+=	运算符两边操作数为字符串型，则字符串连接之后重新赋值	x+=y;console.log(x);	控制台输出结果为 35

（7）类型运算符，见表5-7。

表5-7　类型运算符

运算符	描述	示例（x='3',y='5'）	结果
typeof	返回变量的类型。	console.log(typeof x);	控制台输出结果为 string

小李同学：张老师，学习了变量、数据类型和运算符，这是我编写的一个小程序，求长方形的周长和面积。

例5.7　求长方形的周长和面积。

```
<script type="text/javascript">
    // 求长方形的周长和面积
    // 通过prompt()弹出提示框输入长方形的宽和高
    var wide,height,cir,area;
    wide=prompt("请输入长方形的宽");
    height=prompt("请输入长方形的高");
    // 求长方形的周长cir 和面积area
    cir=2*wide+2*height;
    area=wide*height;
    console.log(cir,area);
</script>
```

当在提示框输入宽为3，高为5，输出结果如图5-5所示。

图5-5　长方形的周长和面积运算结果

张老师：嗯，非常好，能够融会贯通，不过程序还有需要改进之处。你看，当我们通过键盘在提示框中输入的不是数字而是汉字或者字母，程序是不是就运算不出来结果呢？例如，宽输入字母a，高输入字母c，运行结果如图5-6所示。

图5-6　长方形的周长和面积运算错误结果

小李同学：就是，老师，我该怎么改进呢？

张老师：第一，进行数据类型转换，通过提示框获取的值的类型是字符串类型，需要使用数据类型转换函数将字符串类型的数据转换为数值型的数据。转换函数可以使用表5-8所示的方法。

表5-8　数值数据类型转换

函　数	描　述	示例（a='789',b='78.9ab4'）	结　果
Number()	把对象的值转换为数字	console.log(Number(a));	控制台输出结果为 789
parseFloat()	解析一个字符串并返回一个浮点数	console.log(parseFloat(b));	控制台输出结果为 78.9
parseInt()	解析一个字符串并返回一个整数	console.log(parseInt(b));	控制台输出结果为 78

张老师：第二，要判断输入的值是否是数值，如果是数值，才能得出正确的运算结果；如果不是，给出错误的解决方法。

小李同学：张老师，怎么使用判断语句进行判断呢？

张老师：这就需要使用JavaScript语言流程控制的条件语句进行判断。

三、JavaScript语言流程控制结构

JavaScript语言流程控制是用来控制程序中各语句执行顺序的语句，可以把语句组合成能完成一定功能的小逻辑模块。其流程控制方式有顺序结构、选择结构和循环结构。顺序结构就是程序代码按照编写顺序自上而下地执行的结构。这里重点讲解选择结构和循环结构。

微视频
选择结构

1. 选择结构

选择结构基于不同条件执行不同的动作。在 JavaScript 中，可使用如下条件语句实现：

（1）单分支：使用if来规定要执行的代码块，如果指定条件为true。

（2）双分支：使用else来规定要执行的代码块，如果相同的条件为false。

（3）多分支：使用else if来规定要测试的新条件，如果第一个条件为false。

（4）多分支：使用switch来规定多个被执行的备选代码块。

具体语法功能见表5-9。

表5-9　选择结构

语　句	语　法　功　能
if 语句	if(条件){ 当条件为 true 时执行代码块 }

if…else 语句	if(条件){
	当条件为 true 时执行代码块 }else{
	当条件为 false 时执行代码块 }

if…else if…else 语句	if(条件 1){
	当条件 1 为 true 时执行代码块 }
	else if (条件 2){
	当条件 1 为 false、条件 2 为 true 时执行代码块 }
	else{ 当条件 1 和条件 2 都为 false 执行代码块 }

续表

语　　句	语　法　功　能

switch 语句	swith(表达式){
	case n : 计算表达式的值为 n 执行该代码段 1 ; break;
	case m : 计算表达式的值为 m 执行该代码段 2 ; break;
	…
	default: 计算表达式的值与上面所有 case 后面的值都不匹配时执行该默认代码段 ;
	}
	注意 : break 语句是跳出 switch 语句结构。

小李同学：张老师，听了您讲解的数值类型转换函数和选择结构，我茅塞顿开，我修改了例5-7，如例5-8所示，当输入的值不是数值时进行判断，并给出提示。

例 5.8 求长方形的周长和面积。

```
<script type="text/javascript">
        // 求长方形的周长和面积
        // 通过prompt()弹出提示框输入长方形的宽和高
        var wide,height,cir,area;
        // 通过Number()函数将输入的内容字符串转换为数值,如果输入的不是数值,则转换后的结果为NaN
        wide=Number(prompt("请输入长方形的宽"));
        height=Number(prompt("请输入长方形的高"));
        // 先判断输入的内容是否是NaN, 如果是, 则执行if后的代码块弹出警告框, 否则执行else后的代码块求长方形的周长cir和面积area
        if(isNaN(wide)||isNaN(height)){
        alert('输入的宽或高不是数值！')}else{
            cir=2*wide+2*height;
            area=wide*height;
            console.log(cir,area);
        }
</script>
```

当输入宽为a、高为3时，运行结果为弹出警告框，如图5-7所示。

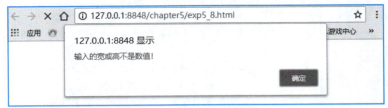

图 5-7　例 5-8 运行结果

小李同学：张老师，经改进例5-8虽然能识别输入的不是数值而进行警告，能不能实现当输入的不是数值时，提示重新输入，一直到输入正确为止，运行出正确结果。

张老师：可以呀，这就是我们接下来要讲的程序控制结构中的另一个控制语句，循环结构。

2. 循环结构

循环结构是指可以实现一段代码的重复执行。JavaScript语言循环结构语句主要

循环结构

有for循环语句、while循环语句和do...while循环语句三种。具体语法功能见表5-10。

表5-10 循环结构

语句	语法	功能

for语句	for(表达式1; 表达式2; 表达式3)
	{
	　　循环代码块
	}
		（1）表达式1初始化循环变量，只执行一次；
		（2）执行表达式2，当表达式2的值为false，结束循环，跳出for语句；当表达式2的值为true，执行循环代码块，转（3）；
		（3）循环代码块执行完毕，执行表达式3，转（2）。
		注意：循环代码块执行0次或者n次

while语句	while(表达式) {循环代码块}	（1）当表达式的值为false，跳出循环； （2）当表达式的值为true，执行循环代码块；继续运算表达式的值，值为false，转（1），值为true，转（2）。 注意：循环代码块执行0次或者n次
do...while语句	do{ 循环代码块 }while(表达式)	（1）执行循环代码块； （2）运算表达式的值，值为false，跳出循环；值为true，转（1）。 注意：循环代码块执行1次或者n次

小李同学：张老师，我利用循环结构while循环语句改造后的例5-9，实现了当输入长方形的宽和高不是数值时，提示重新输入，一直到输入正确为止，运行出正确结果，老师，您看怎么样？

例 5.9 利用while循环实现求长方形的周长和面积。

```
<script type="text/javascript">
             // 求长方形的周长和面积
             var wide,height,cir,area;
             // 通过prompt()弹出提示框输入长方形的宽和高
             // 通过Number()函数将输入的内容字符串转换为数值,如果输入的不是数值,则转换后的结果为NaN

             wide=Number(prompt("请输入长方形的宽"));
             height=Number(prompt("请输入长方形的高"));
             // 使用while循环,判断表达式输入的不是数值,则重复执行循环代码块
             while(isNaN(wide)||isNaN(height))
             {
                 // 先判断输入的内容是否是NaN,如果是,则执行if后的代码块弹出警告框

                 if(isNaN(wide)||isNaN(height)){
                 alert('输入的宽或高不是数值! 请重新输入')}
                 // 当输入不是数值时,循环提示输入正确的数值
                 wide=Number(prompt("请输入长方形的宽"));
                 height=Number(prompt("请输入长方形的高"));
             };

             // 求长方形的周长cir和面积area
             cir=2*wide+2*height;
             area=wide*height;
             console.log(cir,area);
```

```
</script>
```

当输入宽为a、高为3时，运行结果弹出警告框，确认后又重新弹出提示框输入宽和高，直到输入的值是数值，才运算正确结果，如图5-8所示。

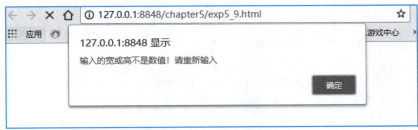

图5-8 例5-9运行结果

张老师：不错，完全掌握了选择结构和循环结构的使用。

小李同学：张老师，求长方形的周长和面积，有没有一种方法，将求长方形的周长和面积的代码封装起来，在程序中调用时只关心接口的使用，输入参数，完成想要的功能。

张老师：问得非常好，可以使用函数将代码封装起来然后通过接口调用。

四、函数

函数是JavaScript中最常用的功能之一，它可以避免相同功能代码的重复编写，用于封装完成一段特定功能的代码，用户在使用时只关心参数和返回值，就能完成特定的功能，而不用了解具体的实现，从而提高程序的可读性，减少开发者的工作量，便于后期的维护。

微视频

函数

1. 函数定义语法

```
function 函数名([参数1，参数2，...]){
            函数体代码块
       }
```

JavaScript函数通过function关键词进行定义，其后是函数名和括号()。函数名命名规则与标识符相同。圆括号可包括由逗号分隔的参数，参数可以是0个或者多个。函数体代码块由一条或者多条语句组成，当函数被调用时，执行函数体代码块。

注意：在定义函数时，可以不指定函数名称，我们把这种写法称为匿名函数，匿名函数通常以表达式的方式赋给一个变量或者是事件。

2. 函数调用

当函数定义完成后，就可以调用函数完成指定的功能。函数调用语法格式如下：

```
函数名([参数1，参数2，...])
```

注意：函数定义语法中的参数称为形式参数，函数调用时的参数称为实际参数。函数调用时将实际参数的值传递给形式参数，然后执行函数体代码块。

3. 函数返回

当函数调用执行函数体代码块到达return语句，函数将停止执行。

当函数体代码块需要返回值，通常会计算出返回值。这个返回值会返回给函数调用者。

小李同学：张老师，根据您所讲的函数知识，我在例5-10中定义了求长方形的周长和面积函数，并进行调用。

例5.10 求长方形的周长和面积。

```
<script type="text/javascript">
        // 定义求长方形的周长的函数,将长方形的宽和高定为参数，返回周长的值
        function cir(wide,height)
        {
            return (wide+height)*2;
        };
        // 定义求长方形的面积的函数,将长方形的宽和高定为参数，返回面积的值
        function area(wide,height)
        {
            return (wide*height);
        };
        var cir,area;
        // 求长方形宽为10、高为20的周长和面积
        // 赋值运算符右侧调用求周长的函数，实际参数为10、20，并将函数返回值赋值给左侧变量cir
        cir=cir(10,20);
         // 赋值运算符右侧调用求面积的函数，实际参数为10、20，并将函数返回值赋值给左侧变量area
        area=area(10,20);
        // 在控制台输出周长和面积的值
        console.log(cir,area);
</script>
```

例5.11 利用函数封装代码，运行结果如图5-9所示。

图5-9 例5-11使用函数运行结果

任务实现

任意两个整数的求和交互效果设计实现如下：

```
<!DOCTYPE html>
```

```
<html>
    <head>
        <meta charset="utf-8">
        <title></title>
    </head>
    <body>
        <script type="text/javascript">
            var num1,num2;
            num1=parseInt(prompt("请输入第一个整数"));
            num2=parseInt(prompt("请输入第二个整数"));
            sum=num1+num2;
            document.write(num1+"+"+num2+"="+sum);

        </script>
    </body>
</html>
```

任务5.2 面向对象编程

任务描述

小李同学：张老师，我已经了解了JavaScript的一些知识，目前只会一些简单的编程，还是不知道在前端页面中如何和用户交互，比如实现一个简单的交互，鼠标移动到文字上变色。我在百度搜索，看到前端交互要用到面向对象的编程思想，那什么是面向对象呢？

任务分析

张老师：面向对象是软件开发领域中非常重要的一种编程思想，它具有封装性、继承性和多态性三大特征，相比较传统的面向过程的编程思想，面向对象可以使程序的灵活性、健壮性、可重用性、可维护性、可扩展性得到提升，尤其是在大型项目设计中可以发挥巨大的作用。如果实现文字变色交互效果，也要用到对象，JavaScript是一种基于对象（object-based）的语言，你遇到的所有东西几乎都是对象。但是，它又不是一种真正的面向对象编程语言，因为它的语法中没有class（类）。那么，如果我们要把"属性"（property）和"方法"（method）封装成一个对象，甚至要从原型对象生成一个实例对象，我们应该怎么做呢？

相关知识

一、对象

1. 自定义对象

JavaScript对象的定义是通过"{}"语法实现的，对象成员属性和方法以键值对的形式存放在"{}"中，多个成员之间用逗号隔开。

自定义对象

例如，狗是一个对象，包含名字name、颜色color两个属性和一个方法showMsg，定义代码如下：

```
var dog = {
        name : '阿黄',
        color : '白色',
        showMsg:function(){
            console.log('这是一只叫'+this.name+this.color+'的小狗！')
        }
    }
```

2. 对象成员访问

创建对象后，对象可以用对象名.成员属性和对象名.成员方法()访问和调用对象属性和对象方法。如访问上面已经定义的对象dog的成员和方法，代码如下：

```
console.log(dog.name);
console.log(dog.color);
dog.showMsg();
```

显示结果如图5-10所示。

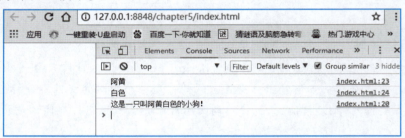

图 5-10　访问对象 dog 运行结果

小李同学：张老师，在对象内部方法定义时，访问该对象成员使用this.成员进行访问，请问this是什么含义呢？

张老师：这个问题问得很好，this在编程语言中用得很多，在不同的语言中代表不同的含义。在JavaScript中，this用在不同的地方，也有不同的含义。比如你所问的在对象方法中，this代表所属对象dog。注意，它的具体含义取决于它的使用位置：在方法中，this指的是所有者对象，即此方法的所有者。在事件中，this指的是接收事件的元素。

3. 构造函数

小李同学：张老师，利用"{}"语法创建的只是单一对象。我们能否创建具有相同类型和特征的许多对象的模板呢？像其他语言一样的类，然后根据这个模板生成实例对象呢？

张老师：可以，在JavaScript中定义构造函数，利用构造函数来创建实例对象。

（1）内置构造函数：JavaScript提供了Object、String、Number等构造函数，通过new关键字创建对象，这一过程称为实例化，实例化后得到的对象称为构造函数的实例。具体示例如下：

```
// 创建Object对象
var obj=new Object();
```

```
// 创建String对象
var str=new String('hello');
```

（2）自定义构造函数：除了直接使用内置构造函数定义对象，用户也可以根据需求抽象出事物的共同特征和行为，自定义构造函数，共同的特征作为构造函数的参数，然后根据构造函数实例化对象。在定义时需要注意构造函数的命名，通常采用帕斯卡命名规则，即所有的单词首字母大写。同时，在构造函数内部，使用this表示所创建的对象本身。

例5.12 创建学生构造函数，并生成"张三"实例对象。

```
<script type="text/javascript">
        // 学生都具有姓名、性别、年龄、年级的特征,行为就是显示学生信息
        // 根据学生共同的特征和行为,定义构造函数如下
        function Student(name,sex,age,grade){
            this.name=name;
            this.sex=sex;
            this.age=age;
            this.grade=grade;
            this.showMsg=function(){
                console.log("该学生姓名为"+this.name+",性别为"+this.sex+",年龄为"+this.age+",年级为"+this.grade);
            }
        }
        // 实例化对象"张三"
        var stu1=new Student('张三','男',19,'2020级');
        // 调用成员方法显示张三信息
        stu1.showMsg();
</script>
```

运行结果如图5-11所示。

图5-11 利用构造函数生成实例对象

4. 内置对象

JavaScript提供了很多常用的内置对象,如Array对象、String对象、Number对象、Math对象和日期对象Date对象。

（1）数组对象Array对象。

数组是一种特殊的变量，它能够一次存放一个以上的值，并且数据可以是任意类型。数组是JavaScript中最常用的数据类型之一，属于对象的内置对象。数组有两种定义方式：

微视频

数组对象

一是利用"[]"直接定义，二是利用new Array()来进行定义，示例如下：

```javascript
// 定义数组arr1存放数据10,20,30
var arr1=[10,20,30];
// 定义一个空数组
var arr2=new Array();
```

数组的长度用属性length访问，数组访问是用索引下标访问，下标最小值是0，最大值是数组长度length-1。

整个数组的遍历访问可以用for循环语句，也可以用for…in语句即for(数组下标变量 in 数组名)访问和for…of语句即for（数组变量值 of 数组名）访问。具体使用请看例5-12。

例 5.13 定义数组arr1和arr2并输出数组的值。

```html
<script type="text/javascript">
    // 创建数组arr1
    var arr1=[10,20,30];
    // 创建数组arr2,包含4个单元
    var arr2=new Array(4);
    arr2[0]="a";
    arr2[1]="b";
    arr2[2]="c";
    arr2[3]="d";
    // 利用for...in输出arr1的值
    for(var i in arr1){
        console.log(arr1[i]);
    }
    // 利用for...of输出arr2的值
    for(var value of arr2){
        console.log(value);
    }
</script>
```

运行结果如图5-12所示。

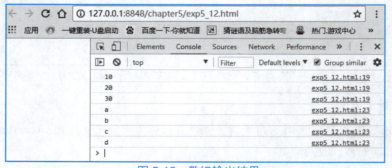

图5-12 数组输出结果

微视频

其他内置对象

（2）字符串对象String对象。

String对象用于处理文本（字符串）。利用new String ()方法创建实例对象。String对象提供了一些用于对字符串进行处理的属性和方法，见表5-11。

表 5-11 String 对象的常用属性和方法

常用属性和方法	作用
constructor	对创建该对象的函数的引用
length	字符串的长度
prototype	允许用户向对象添加属性和方法
charAt()	返回在指定位置的字符
concat()	连接两个或更多字符串,并返回新的字符串
indexOf()	返回某个指定的字符串值在字符串中首次出现的位置
lastIndexOf()	从后向前搜索字符串,并从起始位置(0)开始计算返回字符串最后出现的位置
replace()	在字符串中查找匹配的子串,并替换与正则表达式匹配的子串
slice()	提取字符串的片断,并在新的字符串中返回被提取的部分
split()	把字符串分割为字符串数组
substr()	从起始索引号提取字符串中指定数目的字符
substring()	提取字符串中两个指定的索引号之间的字符
toLowerCase()	把字符串转换为小写
toUpperCase()	把字符串转换为大写
trim()	去除字符串两边的空白
toLocaleLowerCase()	根据本地主机的语言环境把字符串转换为小写
toLocaleUpperCase()	根据本地主机的语言环境把字符串转换为大写
toString()	返回一个字符串

(3)数值对象Number对象。

Number对象用于处理整数、浮点数等数值。利用new Number()方法创建实例对象。Number对象提供了一些用于对数值进行处理的属性和方法,见表5-12。

表 5-12 Number 对象的常用属性和方法

常用属性和方法	作用
constructor	返回对创建此对象的 Number 函数的引用
MAX_VALUE	可表示的最大的数
MIN_VALUE	可表示的最小的数
NaN	非数字值
prototype	允许用户可以向对象添加属性和方法
isFinite	检测指定参数是否为无穷大
toFixed(x)	把数字转换为字符串,结果的小数点后有指定位数的数字
toString()	把数字转换为字符串,使用指定的基数

(4)数学对象Math对象。

Math对象用于对数值进行数学运算。注意:Math对象不是一个构造函数,不需要用new方法创建实例对象。Math对象提供了一些用于数学运算的常用的属性和方法,见表5-13。

表 5-13 Math 对象的常用属性和方法

常用属性和方法	作　用
PI	返回圆周率（约等于 3.14159）
abs(x)	返回 x 的绝对值
ceil(x)	对数进行上舍入
cos(x)	返回数的余弦
floor(x)	对 x 进行下舍入
max(x,y,z,...,n)	返回 x,y,z,...,n 中的最高值
min(x,y,z,...,n)	返回 x,y,z,...,n 中的最低值
pow(x,y)	返回 x 的 y 次幂
random()	返回 0 ~ 1 之间的随机数
round(x)	四舍五入
sin(x)	返回数的正弦
sqrt(x)	返回数的平方根

（5）日期对象Date对象。

Date 对象用于处理日期和时间。利用new Date ()方法创建实例对象。Date对象提供了一些用于设置和获取日期、时间的属性和方法，见表5-14。

表 5-14 Date 对象的常用属性和方法

常用属性和方法	作　用
constructor	返回对创建此对象的 Date 函数的引用
prototype	使用户有能力向对象添加属性和方法
getDate()	从 Date 对象返回一个月中的某一天（1 ~ 31）
getDay()	从 Date 对象返回一周中的某一天（0 ~ 6）
getFullYear()	从 Date 对象以四位数字返回年份
getHours()	返回 Date 对象的小时（0 ~ 23）
getMilliseconds()	返回 Date 对象的毫秒（0 ~ 999）
getMinutes()	返回 Date 对象的分钟（0 ~ 59）
getMonth()	从 Date 对象返回月份（0 ~ 11）
getSeconds()	返回 Date 对象的秒数（0 ~ 59）
getTime()	返回 1970 年 1 月 1 日至今的毫秒数
setDate()	设置 Date 对象中月的某一天（1 ~ 31）
setFullYear()	设置 Date 对象中的年份（四位数字）
setHours()	设置 Date 对象中的小时（0 ~ 23）
setMilliseconds()	设置 Date 对象中的毫秒（0 ~ 999）
setMinutes()	设置 Date 对象中的分钟（0 ~ 59）
setMonth()	设置 Date 对象中月份（0 ~ 11）
setSeconds()	设置 Date 对象中的秒（0 ~ 59）
setTime()	setTime() 方法以毫秒设置 Date 对象

小李同学：张老师，学习了对象的概念，利用这些知识就可以编程实现用户和页面的交互吗？

张老师：不可以，我们还需要学习BOM对象和DOM对象，才能真正实现页面交互设计。

二、BOM

在实际开发中，JavaScript经常需要操作浏览器窗口及窗口上的控件，实现用户和页面的动态交互。为此，浏览器提供了一系列独立于内容而与浏览器窗口进行交互的内置对象，统称为浏览器对象；各内置对象之间按照某种层次组织起来的模型统称为BOM（browser object model）浏览器对象模型。

微视频

BOM 对象

1. window 对象

window对象是BOM中所有对象的核心，同时也是BOM中所有对象的父对象。定义在全局作用域中的变量、函数以及JavaScript中的内置函数都可以被window对象调用。常用属性和方法见表5-15和表5-16。

表5-15　Window 对象的常用属性

常用属性	作用
closed	返回窗口是否已被关闭
defaultStatus	设置或返回窗口状态栏中的默认文本
document	对 Document 对象的只读引用
frames	返回窗口中所有命名的框架。该集合是 window 对象的数组，每个 Window 对象在窗口中含有一个框架
history	对 History 对象的只读引用
innerHeight	返回窗口的文档显示区的高度
innerWidth	返回窗口的文档显示区的宽度
length	设置或返回窗口中的框架数量
location	用于窗口或框架的 Location 对象
name	设置或返回窗口的名称
navigator	对 Navigator 对象的只读引用
opener	返回对创建此窗口的引用
outerHeight	返回窗口的外部高度，包含工具条与滚动条
outerWidth	返回窗口的外部宽度，包含工具条与滚动条
pageXOffset	设置或返回当前页面相对于窗口显示区左上角的 X 位置
pageYOffset	设置或返回当前页面相对于窗口显示区左上角的 Y 位置
parent	返回父窗口
screen	对 Screen 对象的只读引用
screenLeft	返回相对于屏幕窗口的 x 坐标
screenTop	返回相对于屏幕窗口的 y 坐标
screenX	返回相对于屏幕窗口的 x 坐标
screenY	返回相对于屏幕窗口的 y 坐标
self	返回对当前窗口的引用
status	设置窗口状态栏的文本
top	返回最顶层的父窗口

表 5-16 Window 对象的常用方法

常用方法	作用
alert()	显示带有一段消息和一个确认按钮的警告框
blur()	把键盘焦点从顶层窗口移开
clearInterval()	取消由 setInterval() 设置的定时器
clearTimeout()	取消由 setTimeout() 方法设置的定时器
close()	关闭浏览器窗口
confirm()	显示带有一段消息以及确认按钮和取消按钮的对话框
focus()	把键盘焦点给予一个窗口
moveBy()	可相对窗口的当前坐标把它移动指定的像素
moveTo()	把窗口的左上角移动到一个指定的坐标
open()	打开一个新的浏览器窗口或查找一个已命名的窗口
print()	打印当前窗口的内容
prompt()	显示可提示用户输入的对话框
resizeBy()	按照指定的像素调整窗口的大小
resizeTo()	把窗口的大小调整到指定的宽度和高度
scrollBy()	按照指定的像素值来滚动内容
scrollTo()	把内容滚动到指定的坐标
setInterval()	按照指定的周期（以毫秒计）来调用函数或计算表达式
setTimeout()	在指定的毫秒数后调用函数或计算表达式
stop()	停止页面载入

2. document 对象

document对象也称为DOM对象，是HTML页面当前窗体的内容，同时也是JavaScript重要组成部分之一。

3. location 地址栏对象

location地址栏对象用于获取当前浏览器中URL地址栏内的相关数据。

4. navigator 浏览器对象

navigator浏览器对象用于获取浏览器的相关数据，例如，浏览器的名称、版本等，也称为浏览器的嗅探器。

5. screen 屏幕对象

screen屏幕对象可获取与屏幕相关的数据，如屏幕的分辨率等。

6. history 历史对象

history历史对象主要用于记录浏览器的访问历史记录，也就是浏览网页的前进与后退功能。

三、DOM

视频
DOM 对象

DOM（document object model，文档对象模型）是一套规范文档内容的通用型标准。
DOM HTML指的是DOM中为操作HTML文档提供的属性和方法。文档（document）表示HTML文件。文档中的标签称为元素（element）。文档中的所有内容称为节点（node）。

因此，一个HTML文件可以看作是所有元素组成的一个节点树，各元素节点之间有级别的划分。

1. Document 对象

当浏览器载入 HTML 文档，它就会成为Document对象。Document对象是 HTML 文档的根节点。Document对象提供一系列属性和方法用于在脚本中对HTML页面中所有元素进行访问。常用属性和方法见表5-17。

表 5-17　Document 对象的常用属性和方法

常用属性和方法	作　　用
document.activeElement	返回当前获取焦点元素
document.addEventListener()	向文档添加事件侦听器
document.anchors	返回对文档中所有 Anchor 对象的引用
document.body	返回文档的 body 元素
document.close()	关闭用 document.open() 方法打开的输出流，并显示选定的数据
document.cookie	设置或返回与当前文档有关的所有 cookie
document.createAttribute()	创建一个属性节点
document.createComment()	createComment() 方法可创建注释节点
document.createElement()	创建元素节点
document.createTextNode()	创建文本节点
document.doctype	返回与文档相关的文档类型声明 (DTD)
document.documentElement	返回文档的根节点
document.forms	返回对文档中所有 Form 对象引用
document.getElementsByClassName()	返回文档中所有指定类名的元素集合
document.getElementById()	返回对拥有指定 id 的对象的引用
document.getElementsByName()	返回带有指定名称的对象集合
document.getElementsByTagName()	返回带有指定标签名的对象集合
document.links	返回对文档中所有 Area 和 Link 对象引用
document.open()	打开一个流，以收集来自任何 document.write() 或 document.writeln() 方法的输出
document.querySelector()	返回文档中匹配指定的 CSS 选择器的第一元素
document.querySelectorAll()	document.querySelectorAll() 是 HTML5 中引入的新方法，返回文档中匹配的 CSS 选择器的所有元素节点列表
document.removeEventListener()	移除文档中的事件句柄（由 addEventListener() 方法添加）
document.title	返回当前文档的标题
document.URL	返回文档完整的 URL
document.write()	向文档写 HTML 表达式 或 JavaScript 代码
document.writeln()	等同于 write() 方法，不同的是在每个表达式之后写一个换行符

2. HTML DOM 元素查找

document对象提供了一些用于查找元素的方法，利用这些方法可以根据元素的id、name

和class属性以及标签名称的方式获取，见表5-18。

表 5-18　HTML DOM 获取元素方法

方　　法	作　　用
document.getElementsByClassName()	返回文档中所有指定类名的元素集合
document.getElementById()	返回对拥有指定 id 的对象的引用
document.getElementsByName()	返回带有指定名称的对象集合
document.getElementsByTagName()	返回带有指定标签名的对象集合

3. HTML DOM 元素内容操作

JavaScript中，若要对获取的元素内容进行操作，可使用表5-19中的属性和方法。

表 5-19　HTML DOM 元素内容属性和方法

方　　法	作　　用
innerHTML	设置或返回元素开始和结束标签之间的 HTML
innerText	设置或返回元素中去除所有标签的内容
textContent	设置或者返回指定节点的文本内容
document.write()	向文档写入指定的内容
document.writeln()	向文档写入指定的内容后换行

4. HTML DOM 元素属性操作

在DOM中，为了方便JavaScript获取、修改和遍历指定HTML元素的相关属性，提供了操作的属性和方法，见表5-20。

表 5-20　HTML DOM 元素属性设置和获取的属性和方法

方　　法	作　　用
attributes	返回一个元素的属性集合
setAttribute(name, value)	设置或者改变指定属性的值
getAttribute(name)	返回指定元素的属性值
removeAttribute(name)	从元素中删除指定的属性

5. HTML DOM 事件

事件是JavaScript侦测到的行为。事件处理程序指的是JavaScript为响应用户行为所执行的程序代码。HTML DOM 事件允许JavaScript在HTML文档元素中注册不同事件处理程序。事件通常与函数结合使用，函数不会在事件发生前被执行，而是当事件触发时执行。HTML DOM常用事件分为页面事件、鼠标事件、键盘事件和表单事件。事件的名称和触发时机参考表5-21～表5-24。

表 5-21　HTML DOM 页面事件

事　件　名　称	触　发　时　机
load	用于 body 内所有标签都加载完成后才触发
unload	用于页面关闭时触发

表 5-22　HTML DOM 鼠标事件

事 件 名 称	触 发 时 机
click	当按下并释放任意鼠标按键时触发
dblclick	当鼠标双击时触发
mouseover	当鼠标进入时触发
mouseout	当鼠标离开时触发
mousedown	当按下任意鼠标按键时触发
mouseup	当释放任意鼠标按键时触发
mousemove	在元素内当鼠标移动时持续触发

表 5-23　HTML DOM 键盘事件

事 件 名 称	触 发 时 机
onkeydown	某个键盘按键被按下
onkeypress	某个键盘按键被按下并松开
onkeyup	某个键盘按键被松开

表 5-24　HTML DOM 表单事件

事 件 名 称	触 发 时 机
onblur	元素失去焦点时触发
onchange	该事件在表单元素的内容改变时触发（<input>、<keygen>、<select> 和 <textarea>）
onfocus	元素获取焦点时触发
onfocusin	元素即将获取焦点时触发
onfocusout	元素即将失去焦点时触发
oninput	元素获取用户输入时触发
onreset	表单重置时触发
onsearch	用户向搜索域输入文本时触发（<input="search">）
onselect	用户选取文本时触发（<input> 和 <textarea>）
onsubmit	表单提交时触发

张老师：小李同学，JavaScript 知识讲完了，你做一个简单的页面图片轮播交互试试。

小李同学选用了自己拍摄的四张美丽风景图片，并将它们命名，如图 5-13 所示。准备实现的功能是单击图片时按照顺序显示下一张，当显示到最后一张时开始显示第一张。

图 5-13　素材图片及命名

小李同学：张老师，例5-13是我编写的代码，您看对吗？

例 5.14　实现四张美丽风景图片单击轮播。

```
<body>
        <h4>祖国美丽风景图片</h4>
        <img src="img/f1.jpg" alt="正在加载中" width="320" height="220">
        <script type="text/javascript">
        // 程序功能:4张图片轮播,4张图片命名要有规律
        // 获取轮播图片标签对象
         var  img1=document.getElementsByTagName('img')[0];
        // 定义事件onclick的事件处理程序
         img1.onclick=function(){
        // 获取单击时当前图片路径
         var str=img1.getAttribute('src');
        // 获取当前图片路径字符串中图片编号的那个字符
         var i=str.charAt(5);
        // 当单击后要播放当前图片编号的下一张,所以让编号i增1
         i=parseInt(i)+1;
        // 如果当前图片是最后一张,单击时从头播放,编号从1开始
         if(i===5){
             i=1;
          }
        // 将单击后的下一张图片路径重新赋给img的src属性
         img1.src='img/f'+i+'.jpg';
         }
        </script>
    </body>
```

运行结果如图5-14所示。

图5-14　轮播图片单击显示

图 5-14　轮播图片单击显示（续）

任务实现

文字变色交互效果设计实现如下。

```
<!DOCTYPE html>
<html>
    <head>
        <meta charset="utf-8">
        <title></title>
    </head>
    <body>
        <p id="p1">我爱我的祖国</p>
        <script>
            var p1=document.getElementById("p1");
            p1.onmouseover=function(){
                p1.style.color="red";
                
            }
            p1.onmouseout=function(){
                p1.style.color="black";
                
            }
        </script>
    </body>
</html>
```

任务5.3　导航菜单交互效果设计

任务描述

小李同学：张老师，我的导航中有"全部商品分类"标签，如图5-15所示，我

视　频

导航菜单交互效果设计

143

想实现的交互效果是当鼠标移动到导航菜单"全部商品分类"及其正下方空白区域时，弹出隐藏的二级菜单区域，如图5-16所示，当鼠标移出导航菜单"全部商品分类"及其正下方空白区域时，弹出的二级菜单区域隐藏。该如何做到？

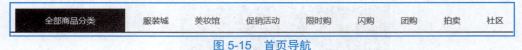

图 5-15 首页导航

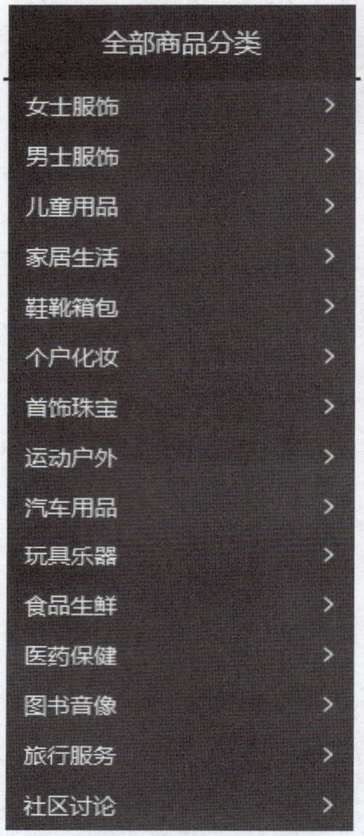

图 5-16 "全部商品分类"的二级菜单

张老师：如果想实现以上导航交互功能，首先要进行任务分析。

任务分析

（1）首先明确HTML文件中导航标签节点的层次结构及含义，如图5-17所示。

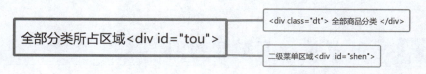

图 5-17 导航部分 HTML 文档结构

（2）当鼠标移动到全部分类所占区域<div id="tou">时二级菜单区域<div id="shen">的样式高度值为465 px，包含子菜单内容全部显示；当移出该区域时，二级菜单区域<div id="shen">的样式高度值为0 px,包含子菜单内容全部隐藏。

相关知识

一、创建 js 文件夹

在好物商城网站的目录下建立js文件夹,建立一个空的index.js文件,即将放入好物商城首页交互效果设计的脚本编程代码。

二、导入 js 文件

准备好js文件,需要将它们与好物商城网站首页index.html建立联系,即在index.html文件中导入外部的js文件,一般放在头部,示例代码如下。

```
<head>
    <meta charset="UTF-8">
    <meta name="viewport" content="width=device-width, initial-scale=1.0">
    <meta http-equiv="X-UA-Compatible" content="ie=edge">
    <title>好物商城-综合网购首选-正品低价、品质保障、配送及时、轻松购物! </title>
    <script src="js/index.js"></script>
</head>
```

三、window.onload() 方法

window.onload()方法用于在网页加载完毕后立刻执行的操作,即当 HTML 文档加载完毕后,立刻执行某个方法,如该效果中执行语句window.onload=function(){};中的赋值号右侧没有名字的匿名函数。

注意:后面的任务实现脚本代码都写在window.onload=function(){};匿名函数体中。

四、addEventListener() 事件监听方法

addEventListener()方法为指定元素指定事件处理程序,可以为元素附加事件处理程序而不会覆盖已有的事件处理程序,其语法为

```
指定元素.addEventListener("指定事件",函数处理程序,布尔类型);
```

语法中布尔类型确定指定事件是事件捕获还是事件冒泡,默认false为事件冒泡,true是事件捕获。

事件冒泡:事件从指定元素目标节点自下而上向Document节点传播。

事件捕获:事件从Document节点自上而下向指定元素目标节点传播。

```
tou.addEventListener('mouseover', function () {
        if (shen.offsetHeight == 0) {
            shen.style.height = "465px";
        };
});
```

此代码中利用addEventListener()方法为指定元素id号为tou的div添加了事件'mouseover',

事件处理程序匿名函数功能为如果id号为shen的div的对象高度offsetHeight的值为0，则设置二级菜单区域shen的样式高度height值为465 px，默认为事件冒泡，实现了当鼠标移动到全部分类所占区域<div id="tou">时二级菜单区域<div id="shen">的样式高度值为465 px,包含子菜单内容全部显示的功能。

注意： 对象宽度offsetWidth=width+左右padding+左右border-width；对象高度offsetHeight=height+上下padding+上下border-width。

任务实现

1. 好物商城导航菜单 HTML 结构设计

代码如下：

```html
<div class="dorpdown fl" id="tou">
<div class="dt"> 全部商品分类 </div>
<div class="dd" id="shen">
    <ul>
        <li class="menu_itme">
            <a href="#">女士服饰</a>
            <i>  </i>
        </li>
    ...//此处省略其他子菜单内容
    </ul>
</div>
</div>
```

2. 导航菜单交互效果设计实现

```javascript
window.onload=function(){
var tou = document.getElementById('tou');
    var shen = document.getElementById('shen');
    tou.addEventListener('mouseover', function () {
        if (shen.offsetHeight == 0) {
            shen.style.height = "465px";
        };
    });
    tou.addEventListener('mouseout', function () {
        if (shen.offsetHeight == 465) {
            shen.style.height = "0px";
        };
    });

    }
```

任务5.4 banner 广告区域交互效果设计

任务描述

小李同学：张老师，很多网站banner区域都设计图片轮播交互效果，我有七张广告图片，也想实现这个功能，该如何去做呢？

张老师：要想实现图片轮播交互效果，首先我们来进行任务分析。

任务分析

图片轮播一般实现如下三种功能：

（1）图片所在区域div，类名为focus fl，该区域大小为一张图片大小，如图5-18所示。在该区域交互效果设计：七张图片自动轮流播放。

图 5-18　banner 图片显示区域

（2）七个小圆点所在区域ol，类名为circle，该区域放置七个小圆点，如图5-18所示。该区域交互效果设计：动态生成七个小圆点，当自动轮播到某一张广告图片时，对应的小圆点背景颜色为#fff；如果单击某个小圆点，则该小圆点背景颜色为#fff，且对应的广告图片会在图片区域显示。

（3）"前进""后退"按钮：当鼠标移入banner区域，图片出现向左和向右两个按钮（见图5-18），单击向左按钮，显示上一张图片，单击向右按钮，显示下一张图片，当鼠标移出banner区域，按钮消失。

相关知识

一、回调函数 callback

把函数当作一个参数传递到另外一个函数中，这个作为参数的函数称为回调函数，即callback。示例代码如下：

```
<script type="text/javascript">
    function sum(a,b,callback){
        s=a+b;
```

```
        callback(s);
        }
    function aa(a){
        console.log(a);
        }
    sum(3,4,aa);
</script>
```

在上面示例中，函数aa是回调函数，它作为函数sum的参数进行调用，最后在控制台显示的结果为7。

二、定时器

JavaScript中window对象提供的两个方法：setTimeout()和setInterval()作为定时器，在指定时间后执行特定操作，也可以程序代码每隔一段时间执行一次，实现间歇操作。

（1）setTimeout()方法：在指定的毫秒数后调用函数或者执行一段代码，setTimeout()方法在执行一次后即停止了操作。示例代码如下：

```
<script type="text/javascript">
        setTimeout(ff, 10);
        function ff(){alert("这是定时器");}
</script>
```

上述代码功能是当网页加载完毕10 ms之后运行函数ff，弹出警告对话框，显示信息"这是定时器"。setTimeout()的第一个参数代表要执行的程序代码，此处是函数名；第二个参数是间隔时间，时间单位为毫秒。

（2）clearTimeout()：取消由setTimeout()方法设置的定时器。

（3）setInterval()：按照指定的周期（时间单位为毫秒）来调用函数或者执行一段代码，setInterval()方法一旦开始执行，在不加干涉的情况下，周期调用将会一直执行直到页面关闭为止。示例代码如下：

```
<script type="text/javascript">
        setInterval(ff, 10);
        function ff(){alert("这是定时器");}
</script>
```

上述代码功能是当网页加载完毕每隔10 ms之后运行函数，ff弹出警告对话框，显示信息"这是定时器"。setInterval()的第一个参数代表要执行的程序代码，此处是函数名；第二个参数是间隔时间，时间单位为毫秒。

（4）clearInterval()：取消由setInterval()方法设置的定时器。

三、自定义动画减速运动函数 animate()

轮播图交互效果实现中自定义动画减速运动函数animate()用于设置图片轮播时图片运动的速度，而不是突然出现，该方法定义了三个参数：obj代表运动的物体；target是物体运动的目标；callback作为回调函数参数。

animate()函数功能解析如下：

（1）clearInterval(obj.timer)：清除已有的周期定时器obj.timer。

（2）重新定义周期定时器obj.timer：每隔15 ms运行setInterval()的第一个参数匿名函数。

（3）运动物体obj相对于目标target的左偏移距离为obj.offsetLeft；物体运动的步长值保存在变量step中；代码if (obj.offsetLeft == target) 判断当物体的左偏移距离obj.offsetLeft与target相等时，表示正在运动的这张图片已经到达目的位置，需要清除该图片设置的定时器clearInterval(obj.timer)，调用回调函数进行下一步操作 callback()；如果不相等，则改变该图片的obj.style.left值，继续调用定时器，计算下一轮的step值，继续向左运动，直到到达目标位置target。

四、添加和删除 HTML 元素方法

添加HTML元素方法为document.appendChild(element)，其功能是为document对象添加一个孩子HTML元素element。

删除HTML元素方法为document.removeChild(element)，其功能是为document对象删除一个孩子HTML元素element。

任务中七个小圆点区域<ol></ol>需要动态创建每个小圆点元素<li></li>作为它的孩子，代码var li = document.createElement('li')实现了创建一个li元素，但是该元素是一个孤立的元素，并没有和<ol>建立关系，代码ol.appendChild(li)利用添加HTML元素方法建立了标签对象<ol>和<li>之间的父子关系。

任务实现

1. banner 区域 HTML 文档结构

```
<!-- 轮播图 -->
    <div class="focus fl">
        <a href="javascript:;" class="arrow_l"> </a>
        <a href="javascript:;" class="arrow_r"> </a>
        <ul>
            <li>
                <a href="#">
                    <img src="upload/focus0.jpg"alt=""id="navjpg">
                </a>
            </li>
            ...//此处省略其他6张轮播图片内容
        </ul>
        <ol class="circle">
        </ol>
    </div>
```

2. banner 区域轮播图交互效果设计实现

```
window.onload=function(){
```

```javascript
//  动画减速运动函数
    function animate(obj, target, callback) {
        clearInterval(obj.timer);
        obj.timer = setInterval(function() {
            var step = (target - obj.offsetLeft) / 10;
            step = step > 0 ? Math.ceil(step) : Math.floor(step);
            if (obj.offsetLeft == target) {
                clearInterval(obj.timer);
                callback && callback();      //回调函数callback存在时就调用
            } else {
                obj.style.left = obj.offsetLeft + step + 'px';
            };
        }, 15);
    };
    var arrow_l = document.getElementsByClassName('arrow_l')[0];
    var arrow_r = document.getElementsByClassName('arrow_r')[0];
    var focus = document.getElementsByClassName('focus')[0];
     var foucswidth = focus.offsetWidth; //宽方向长度 width + 左右padding + 左右border-width
    focus.addEventListener('mouseenter', function () {  //鼠标经过事件
        arrow_l.style.display = 'block'; //前进按钮显示
        arrow_r.style.display = 'block'; //后退按钮显示
        clearInterval(timer); //销毁定时器
        timer = null; //清空定时器变量值
    });
    focus.addEventListener('mouseleave', function () {  //鼠标离开事件
        arrow_l.style.display = 'none'; //前进按钮隐藏
        arrow_r.style.display = 'none'; //后退按钮隐藏
         timer = setInterval(function () {//定时器变量重新赋值,调用单击右按钮事件,定时2 s一次
            arrow_r.click(); //后退按钮单击事件
        }, 2000); //定时器周期时间
    });

    var ul = focus.getElementsByTagName('ul')[0];
    var ol = focus.getElementsByClassName('circle')[0];
    for (var i = 0; i < ul.children.length; i++) { //遍历多少张图
        var li = document.createElement('li'); //创建元素li也就是ol里面的小圆点
        li.setAttribute('index', i);//在小圆点上加上自定义属性,值为循环次数
        ol.appendChild(li);            //ol上添加小圆点li 依次往后添加
        li.addEventListener('click', function () {  //小圆点li 的单击事件
            for (var i=0;i<ol.children.length; i++) { //循环遍历小圆点个数
                ol.children[i].className = ''; //清空小圆点的选中CSS样式
            };
```

```js
                    this.className = 'current'; //给当前单击的小圆点li添加选中current样式
                    var index = this.getAttribute('index'); //获取当前单击的小圆点li的index 属性值
                    num = circle = index; //将小圆点li的index属性值赋值给num和circle
                    animate(ul, -index * foucswidth); //动画函数,运动元素自然是ul(包裹图片的ul),参数为小圆点的index值(也就是第几个)乘以宽度
                });
            };
            // ol.children[0].className = 'current';
            var first = ul.children[0].cloneNode(true); //深度复制第一个图的li
            ul.appendChild(first); //继续将其创建到ul最后
            var num = 0;
            var circle = 0;
            var flag = true;
            arrow_r.addEventListener('click', function () { //后退按钮单击事件
                if (flag) {
                    flag=false; //控制单击频率,每次单击都会强制为假,执行完动画自会重新赋值为真
                    if (num == ul.children.length - 1) { //判断图片的个数-1(因为多创建了第一个元素放到最后所以减一)  是否等于num变量

                        ul.style.left = 0; //如果相等则瞬间调回ul的left值为0 ,相当于跳回第一张图
                        num = 0; //然后继续清空num
                    };
                    num++; //每单击一下 num则+1
                    animate(ul, -num * foucswidth, function () { //动画函数 ul(包裹所有图片)的运动,运动的长度= 负的li长度*num
                        flag = true; //控制单击频率,点完才会让判断值为真
                    });
                    circle++; //图片序号传值给函数使用
                    circle = circle == ol.children.length ? circle = 0 : circle; //判断传值是否等于小圆点个数,若等于就重新为0 ,否则正常返回
                    circlechange(); //调用小圆点样式判断变化函数
                }
            });
            arrow_l.addEventListener('click', function () {//前进按钮单击事件
                if (flag) {
                    flag = false;
                    if (num == 0) {
                        num = ul.children.length - 1;
                        ul.style.left = -num * foucswidth + 'px';
                    };
                    num--;
                    animate(ul, -num * foucswidth, function () {
```

```
                flag = true;
            });
            circle--;
            circle = circle<0? circle=ol.children.length-1:circle;
            circlechange();
        }
    });

    function circlechange() { //让每次单击都清除所有小圆点选中样式,然后让当前被点击的小圆点添加样式current
        for (var i = 0; i < ol.children.length; i++) {
            ol.children[i].className = '';
        };
        ol.children[circle].className = 'current';
    };

    var timer = setInterval(function () { //默认启动的轮播事件,自动执行2s一次的右按钮单击一次的事件
        arrow_r.click();
    }, 2000);

}
```

拓展训练

小李同学：张老师，上面的任务就是我为自己的好物商城网站首页设计的交互效果，您觉得怎么样？

张老师：很棒，不过，只会做一个首页的交互效果还远远不能达到熟练掌握脚本语言进行前端交互设计的目的，只有多练才能达到熟练掌握，设计出各种想要的交互效果。

小李同学：老师，您说得很对，虽然在您的指点下完成了这个网页的交互效果设计，但是我感觉自己掌握得还不够，正好我们正在做一个古诗词欣赏网站，静态页面已经设计出来，见图1-14。为了提高同学们学习传统文化的兴趣，陶冶同学们的情操，给同学们最好的交互体验，我要好好地设计这个网站的交互效果，这样还能提升我的专业技能，一举多得。

张老师赞许地点点头：非常好，可以进行以下三个交互效果设计，一是banner区域图片轮播，如图5-19所示；二是鼠标移动到图片上显示对应的古诗，如图5-20所示；三是鼠标移动到图片上，图片上出现半透明黑色遮罩，如图5-21所示。你好好地研究一下，有什么问题尽管来找我。

图 5-19 banner 区域图片轮播

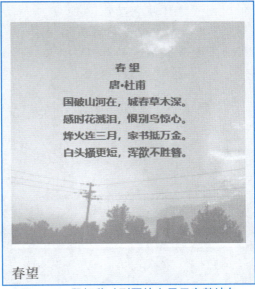

图 5-20 鼠标移动到图片上显示完整诗句

图 5-21 鼠标移动到图片上显示半透明黑色遮罩

 项目小结

在本项目中，根据前面几个项目做好的前端页面，设计了不同的任务来制作前端页面常用的交互效果：导航弹出二级菜单、图片轮播等。通过前端页面交互效果的设计制作，使读者熟练地掌握了JavaScript脚本语言的使用。

 习 题

1. 设计制作图片放大特效。
2. 设计制作简单网页计算器。
3. 设计制作鼠标悬停时网页字体变色功能。
4. 设计制作图片轮播效果。
5. 设计制作网页导航菜单交互效果。

项目六
微信小程序开发
——心灵方舟 - 大学生心理健康服务小程序

重点知识：
- 小程序开发环境的搭建
- WXML、WXSS
- 视图组件的使用
- tabBar 标签栏的配置
- 表单组件的使用
- 心灵方舟小程序的发布

■ 微信小程序可以在微信内部直接使用，用户可以通过微信搜索或扫描二维码的方式进入小程序。用户可以随时随地访问和使用，而且小程序加载速度快，响应速度快，可以提高用户体验。微信小程序具有简单易用、流畅快捷、无须安装、即开即用等特点，深受用户和开发者的喜爱。

情境创设

小李同学：目前工作室正在开发VR心理健康服务项目，需要在移动端实现"心灵方舟-大学生心理健康服务的小程序"，以便为大学生提供心理健康服务。我们希望这个小程序能够方便、快捷、直接使用，并且占用空间小。我们应该如何实现这个目标呢？是否可以使用当前非常流行的微信小程序开发技术？

张老师：当然可以。微信小程序是一种轻量级的应用程序，用户可以直接在微信客户端中打开和使用，无须下载和安装。

小李同学：那么，开发微信小程序需要掌握哪些技术呢？

张老师：让我一步步来给你解释。

学习目标

◎掌握微信小程序开发流程。

◎掌握WXML、WXSS基本语法。

◎掌握微信小程序常用视图组件的使用，并且能够实现轮播图效果。

◎掌握tabBar配置项的使用。

◎掌握常见表单组件的使用。

知识导图

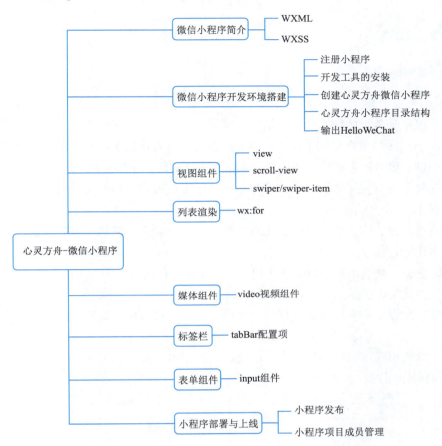

任务 6.1 初识微信小程序

任务描述

小李同学详细地描述了心灵方舟微信小程序的功能需求，张老师很欣慰地对小李说"很好，需求分析是开发小程序成功的关键步骤之一，只有在充分调研的基础上，才能开发出符合用户期望的小程序，提高用户满意度。"

小李同学：张老师，在进行微信小程序开发前我需要做哪些准备工作？预备哪些知识？

张老师：工欲善其事,必先利其器，我们来学习微信小程序开发的一些基础知识、小程序开发需要的工具以及编程知识。

任务分析

小李同学：微信小程序开发需要掌握哪些编程基础知识？

张老师：前面的项目中我们已经学习了HTML、CSS、JS，这些知识有助于小程序开发。它主要涉及的编程知识包括ES5、WXML、WXSS，接下来我先介绍微信小程序的一些基础知识，了解微信小程序和传统App的区别，最后介绍一些基础的编程知识。

任务实现

一、微信小程序简介

1. 初识微信小程序

微信小程序是基于微信平台的轻量级的应用程序，它需要宿主在微信内，无须下载安装即可使用。小程序为用户提供了便捷的服务，也为开发者提供了灵活和高效的开发方式，同时为商家提供了更多的营销渠道和机会，微信小程序的优点主要有以下几方面：

（1）无须下载、使用便捷。用户可以在微信中直接搜索、扫描二维码或者通过微信公众号使用小程序。

（2）快速开发、维护成本低。相比较于传统的移动应用，微信小程序开发周期短，开发和维护成本相对较低。

（3）轻量级。微信小程序对文件体积有严格要求，代码包单个包大小限制为2 MB，占用存储空间、系统资源少。

（4）交互性强。小程序具有较好的交互性，可以实现与用户的实时互动，提供更好的用户体验。

总之，微信小程序的应用场景非常广泛，涵盖了电子商务、金融、教育、医疗、社交等领域，图6-1显示了两种在微信中打开小程序的方法。

图 6-1　微信中打开小程序

二、微信小程序和传统 App 的区别

传统App软件和微信小程序都是为了提供更好的用户体验而设计的应用。App是由第三

方开发者开发的用于智能手机的应用程序,用户从应用商店中下载安装后才可以使用。微信小程序和传统App在面向群体、内存占用、开发成本、功能等区别见表6-1。

表 6-1 微信小程序和传统 App 的区别

类 别	微信小程序	传统 App
面向群体	微信用户	所有智能手机的用户
文件大小	占用空间小	不限
功能	逐渐丰富	无限制
开发难度	门槛低	技术要求高
使用方式	无须安装	下载安装
开放注册范围	个人/企业/政府等	无限制

三、编程基础知识

1. 微信小程序中的 JavaScript

微信小程序使用的脚本语言是JavaScript在微信小程序开发中,JavaScript具有以下优点:

(1)简单易学:JavaScript是一种相对简单易学的脚本语言,开发者可以快速上手并开始开发微信小程序。

(2)前端生态丰富:JavaScript拥有庞大的前端生态系统,包括各种优秀的开源库、框架和工具。在微信小程序开发中,开发者可以借助这些工具和库来提升开发效率、增加功能和改善用户体验。

(3)跨平台兼容性:微信小程序可以在多个平台上运行,包括iOS、Android等。由于JavaScript的跨平台特性,开发者可以编写一套代码,同时在不同平台上运行和使用,减少开发和维护成本。

(4)动态性和灵活性:JavaScript是一种动态语言,可以在运行时动态修改和更新代码,灵活性较高。这为微信小程序的界面和交互效果提供了更多的定制化能力。

(5)社区支持和资源丰富:JavaScript拥有庞大的开发者社区和丰富的资源库,开发者可以从中获取各种开发工具、文档、教程和解决方案。这为开发者提供了学习、交流和解决问题的平台。

JavaScript在微信小程序开发中具有简单易学、跨平台兼容、异步编程支持和丰富的社区资源等优点,为开发者提供了便利和灵活性,帮助他们构建高效、功能丰富的微信小程序。

2. WXSS 样式

WXSS(WeiXin style sheets)是微信小程序框架中的一种样式语言,用于描述小程序的布局和样式。它的语法类似于CSS,并且继承了CSS的大部分特性。为了适应小程序开发的需求,WXSS对CSS进行了一些修改和补充。

(1)WXSS新增了一种尺寸单位,叫作rpx(responsive pixel),它是为了解决不同机型屏幕尺寸的适配问题而引入的。在WXSS中,规定所有机型屏幕的宽度为750 rpx,它能够根据屏幕宽度进行自适应。

举例来说,以iPhone 6为例,它的屏幕宽度为375 px,拥有750个物理像素。因此,在这种情况下,750 rpx、375 px和750物理像素之间的换算关系为:750 rpx=375 px=750物理像素。换句话说,1 rpx等于0.5 px,也等于1个物理像素。

需要注意的是,不同机型由于屏幕尺寸的差异,其换算关系也不同。微信官方建议开发人员以iPhone 6作为视觉稿的标准,即以iPhone 6的屏幕宽度为基准进行设计。这样可以确保在不同机型上获得相似的样式显示效果。

(2)WXSS支持的选择器。WXSS类似于网页的CSS,但是WXSS仅支持部分CSS选择器,目前支持的选择器有.class、#id、element、element,element、::after 、::before选择器,选择器及其功能见表6-2。

表6-2 WXSS 选择器

选择器	样例	样例描述
.class	.intro	选择所有拥有 class="intro" 的组件
#id	#firstname	选择拥有 id="firstname" 的组件
element	view	选择所有 view 组件
element,element	view,checkbox	选择所有文档的 view 组件、checkbox 组件
::after	view::after	在 view 组件后插入内容
::before	view::before	在 view 组件前插入内容

(3)支持样式导入。

在WXSS中可使用@import命令导入外联样式表,命令格式为

```
@import 相对路径
```

导入外联样式的示例代码如下:

```
/** main.wxss **/
@import "common.wxss"; /* 导入common.wxss样式表 */
.page {
  background-color: #ffffff;
}
/** common.wxss **/
.text {
  color: #666666;
  font-size: 16px;
}
```

在上述示例中,main.wxss文件通过@import "common.wxss";语句导入了名为common.wxss的样式表。这样,main.wxss中可以使用common.wxss中定义的样式。在.page选择器中设置了背景色为#ffffff,表示白色背景。在common.wxss中,定义了.text类选择器,设置了文本的颜色为#666666,字体大小为16 px。通过@import语句,可以将不同的样式表文件组合在一起,使样式的管理和复用更加方便。

3. WXML

WXML(Wei Xin markup language)即微信小程序标记语言,类似于HTML,用来定义

小程序的结构和内容。WXML能够实现数据绑定、列表渲染、条件渲染、模板、引用等功能。目前微信小程序官方提供了12大类组件,部分WXML组件见表6-3。

表6-3 WXML 部分组件及其功能

类 别	名 称	描 述 功 能
视图组件	page-container	页面容器
	scroll-view	可滚动视图区域
	swiper	滑块视图容器,可用于创建轮播图
	swiper-item	需放置在 swiper 中,结合 swiper 使用,宽高自动设置为 100%
	view	视图容器,类似于 HTML 中的 div 元素,可以用来布局和放置其他组件
表单组件	input	输入框,用户可以在其中输入文本
	label	标签
	checkbox	多选框,用户可以选择多个选项
	button	按钮,用户点击后可以触发相应的事件
	radio	单选框
	textarea	多行输入框
基础组件	icon	图标,用于显示图标,支持多种图标类型
	progress	进度条
	rich-text	富文本
	text	普通文本
导航组件	navigator	页面链接,用于创建一个导航链接,单击后可以跳转到其他页面
媒体组件	video	视频,用来播放视频
	image	图片,支持多种格式
无障碍访问	aria-component	满足视障人士对于小程序的访问需求
地图组件	map	地图,地图展示、交互、叠加点线面及文字等功能
开放能力	web-view	承载网页的容器
	official-account	公众号关注组件
	open-data	用于展示用户信息、排行榜等开放数据
页面属性配置节点	page-meta	页面属性配置节点,用于指定页面的一些属性、监听页面事件

WXML是一种类似于HTML的标记语言,用于定义微信小程序的结构和内容。它具有以下特点和功能:

(1)数据绑定:通过使用双大括号{{}}来实现数据绑定,将数据动态显示在页面上。

(2)列表渲染:使用wx:for指令可以对数据列表进行循环渲染,生成重复的节点。

(3)条件渲染:使用wx:if、wx:elif和wx:else指令可以根据条件来动态显示或隐藏节点。

(4)模板:使用<template>标签可以定义可复用的模板,通过<template is="templateName">来引用模板。

(5)引用:使用<import>和<include>标签可以引入其他WXML文件或模板。

(6)事件绑定:通过在标签上使用bind或catch前缀来绑定事件,例如bind:tap、catch:touchstart等。

(7)内联样式:使用style属性可以为标签添加内联样式,类似于HTML中的style属性。

(8)组件:微信小程序官方提供了丰富的组件,包括基础组件(如view、text、button等)、表单组件（如input、checkbox、picker等）、媒体组件（如image、camera、video等）等。

（9）数据传递：可以通过data属性将数据传递给子组件，使用properties属性定义接收数据的属性。

（10）条件样式：使用三元表达式或逻辑表达式可以根据条件来动态设置节点的样式。

（11）模板引用传参：通过传递参数给模板，可以在模板中使用传递的参数进行渲染。

（12）组件插槽：通过使用<slot>标签，可以在组件中定义插槽，用于接收其他组件传递的内容。

WXML作为微信小程序的标记语言，与WXSS（样式表）和JS（逻辑脚本）一起构成了小程序的结构、样式和行为的定义。通过WXML的灵活运用，可以实现丰富的界面交互和数据展示效果。

任务6.2 微信小程序开发环境搭建

任务描述

小李同学：目前我已经了解了什么是微信小程序，掌握了编程基础知识，现在是不是可以开发"心灵方舟"项目了？

任务分析

张老师：在进行项目开发前需要在微信公众号网站注册小程序，然后就可以下载、安装微信小程序开发工具，最后就可以创建"心灵方舟"项目了，让我们一起来学习吧！

任务实现

一、注册小程序

开发小程序的第一步需要注册小程序，注册小程序分为三个步骤。

（1）打开微信小程序注册界面，单击"前往注册"进入小程序注册界面，如图6-2所示。

图6-2　微信小程序注册页面

（2）在此页面需要填写相关信息并同意相关服务协议和条款，然后单击"注册"按钮。系统会发送一封邮件到您注册的邮箱，需要打开邮箱并按照邮件中的指引完成邮箱激活，如图6-3所示。

图 6-3 注册信息填写页面

（3）填写注册主体类型，微信公众账号主体类型分为政府、媒体、企业、其他组织以及个人，这里选择"个人"，如图6-4所示。

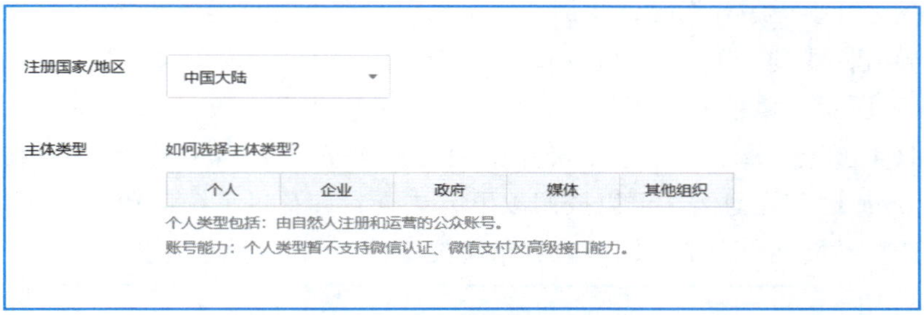

图 6-4 主体类型选择页面

不同主体类型在微信小程序中支持的功能和针对的用户类型有所不同。需要注意的是，不同主体类型注册小程序时需要提供不同的资质和证明文件，且在功能和服务方面可能会有一些限制或差异。具体的功能和适用范围可以在微信公众平台的官方文档中找到，开发人员可以根据自己的需求选择合适的主体类型来注册小程序。

主体类型中选择"个人"后出现主体信息登记，如图6-5所示，准确无误填写后，单击"继续"按钮，出现图6-6的页面，表明注册成功。

图 6-5 主体信息登记界面

图 6-6 信息提交成功界面

二、小程序开发工具

在进行小程序开发时，我们使用微信官方提供的小程序开发工具，在微信小程序界面导航栏找到"工具"，可以看到当前微信小程序开发工具的版本为1.06.2307260，如图6-7所示。微信开发工具支持Windows 64、Windows 32、macOS x64、macOS ARM64 操作系统，在进行软件安装时需要选择和操作系统相匹配的软件，以Windows 11系统为例，可以按照以下方法查看计算机系统信息，右击"此电脑"图标，选择"属性"命令，即可查看系统类型，如图6-8所示。

图 6-7 微信开发工具下载

图 6-8 计算机属性

接下来安装微信小程序开发工具，打开下载好的安装程序，界面如图6-9所示。

项目六 │ 微信小程序开发——心灵方舟-大学生心理健康服务小程序

图 6-9　安装界面

单击"下一步"按钮进行安装，需要同意相关许可证协议，如图6-10所示。

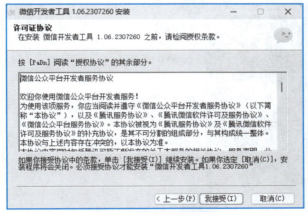

图 6-10　许可证协议界面

本界面可以选择开发工具的安装路径，默认安装路径是在C:\Program Files (x86)\Tencent\微信web开发者工具，可以自定义安装目录，这里保持默认，如图6-11所示。单击"安装"按钮，微信小程序开发工具将自动安装，如图6-12所示，稍等片刻即可完成安装，如图6-13所示。

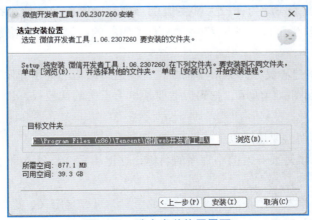

图 6-11　选定安装位置界面

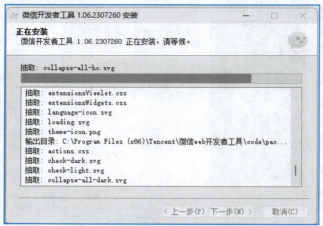

图 6-12　正在安装界面

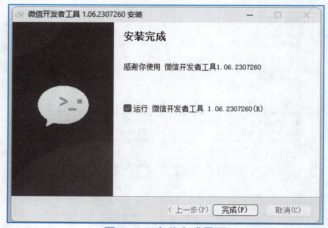

图 6-13　安装完成界面

通过以上步骤完成了微信小程序开发工具的安装，接下来就可以创建小程序了。

三、创建心灵方舟微信小程序

· 微视频 ·

创建心灵方舟小程序

心灵方舟是一款为在校大学生提供心理健康服务的微信小程序，通过心灵方舟小程序，大学生可以方便地获取常见心理问题的指导，从而快速地融入学习和大学生活。

下面来创建心灵方舟微信小程序，首次运行微信小程序开发工具需要开发者微信扫码登录，如图6-14所示，扫码后需要手机上点击确认授权，进入小程序项目创建页面，如图6-15所示。

在创建小程序界面需要填写以下相关内容：

（1）项目名称：填写要开发的小程序的名称，这里填写"心灵方舟-大学生心理健康服务小程序"。

（2）目录：用来设置微信小程序项目的存放位置，可以自定义，这里我们保持默认目录。

（3）AppID：如若已经注册了小程序可以在该下拉列表中找到对应的ID即可，也可以使用测试号，为方便开发者开发和体验小程序、小游戏的各种能力，开发者可以申请小程序或小游戏的测试号,并使用此账号在开发者工具创建项目进行开发测试,以及真机预览体验。

图 6-14　扫码登录微信开发环境界面

图 6-15　创建小程序界面

(4)开发模式:选择"小程序"选项。

(5)后端服务:选择"不使用云服务"单选按钮。

(6)模板选择:小程序官方提供了一些开发模板,对于心灵方舟小程序,这里选择"不使用模板"选项。

以上填写完整后就可以单击"确定"按钮,即可创建心灵方舟小程序,创建成功的心灵方舟小程序如图6-16所示。

说明:在微信开发工具中,提供了多种开发模板供开发者选择,包括基础模板、邀请函、位置展示、活动报名等多个模板。开发人员可以根据需求选择合适的模板来快速构建小程序,也可以不依赖于任何预设模板从零开始构建小程序。

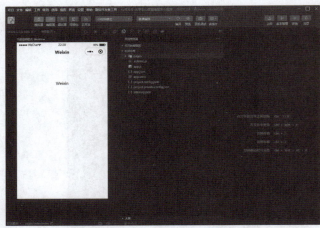

图 6-16　开发者工具界面

四、心灵方舟小程序目录结构

心灵方舟小程序的目录结构如图6-17所示。

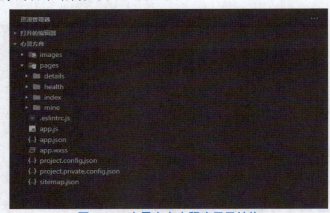

图 6-17　心灵方舟小程序目录结构

（1）images文件夹：存放微信小程序使用的图标以及图片资源。

（2）pages文件夹：存放心灵方舟小程序所有页面。

（3）details文件夹：详情页文件夹。

（4）health文件夹：健康时刻文件夹。

（5）index：首页文件夹。

（6）mine：我的页面文件夹。

（7）app.js：小程序逻辑。

（8）app.json：小程序全局配置。

（9）app.wxss：小程序全局样式文件。

（10）project.config.json：项目配置文件。

（11）sitemap.json：配置小程序及其页面是否允许被微信索引。

对于页面文件一般有四个文件，以index首页文件夹为例，如图6-18所示，每个文件的作用见表6-4。

图 6-18 index 目录结构

表 6-4 index 目录结构说明

文件	作用
index.js	页面逻辑
index.wxml	页面结构
index.json	页面配置文件
index.wxss	页面样式

五、输出 HelloWeChat

在微信小程序心灵方舟项目中，展开pages文件夹找到index文件夹，在该文件夹中找到index.wxml文件，如图6-19所示。

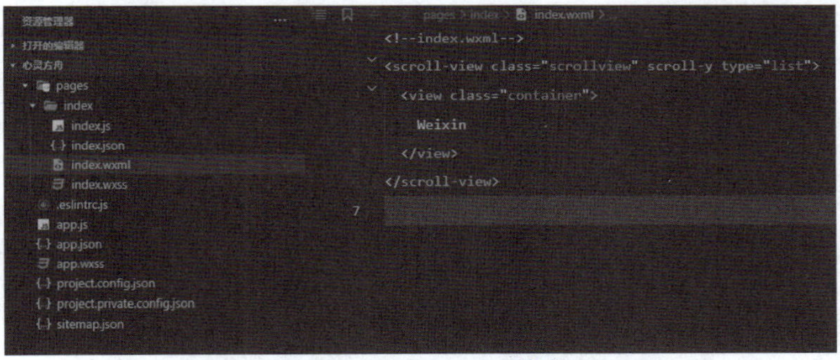

图 6-19 index.wxml 文件

在index.wxml文件中，<scroll-view> 标签用于创建一个可滚动的视图容器，它通过设置scroll-y 属性为true来启用垂直滚动。在 <scroll-view> 内部有一个 <view> 标签，它表示一个视图容器。在这个例子中，<view> 标签内的内容是 "Weixin"，表示在滚动视图中显示文本 "Weixin"。

通过这段代码，可以实现在微信小程序中展示一个可垂直滚动的视图容器，并在其中显示文本内容 "Weixin"。现在我们将显示内容修改为"HelloWeChat"，按【Ctrl+S】组合键保存，即可以在模拟器页面输出HelloWeChat，如图6-20所示。

刚输出的"HelloWeChat"并没有任何的样式，如果要输出白色字体、背景色为灰色，应怎么做呢？打开index.wxss文件，这是微信小程序的样式文件，编写如下代码：

```
/**index.wxss**/
.scrollview {
  height: 100vh;
  background-color:gray;
}
.text-white{
```

```
        color: white;
}
```

图 6-20 输出 HelloWeChat

Index.wxml中编写如下代码：

```
<!--index.wxml-->
<scroll-view class="scrollview" scroll-y type="list" >
  <view class="container " >
    <text class=" text-white ">HelloWeChat</text>
  </view>
</scroll-view>
```

上述代码定义了text-white样式类，设置了文本的颜色为白色，在scrollview中添加了背景颜色代码，将背景颜色设定为灰色，最终效果如图6-21所示。

图 6-21 调整后的效果

任务6.3 心灵方舟小程序开发

任务描述

小李同学：我们团队经过讨论设计了心灵方舟小程序的具体功能，每个页面的功能如下：
（1）"首页"：显示轮播图、显示和心理健康问题相关的文章。

（2）"健康时刻"：播放心理健康相关的教育视频。
（3）"我的"页面：实现登录小程序功能，登录成功后显示我的相关信息。

相关知识

张老师：这里要使用微信小程序开发相关的组件以及指令，比如轮播图的实现要使用swiper组件，视频的播放使用video组件，登录功能的实现要使用表单组件，让我们一起来学习这些内容吧。

任务实现

一、心灵方舟"首页"实现

心灵方舟首页功能主要包含轮播图、心理健康信息列表显示。涉及小程序的视图组件有view、scroll-view、swiper、swiper-item等。在任务6.2中已经接触到了view和scroll-view，本任务将详细介绍微信小程序提供的常用视图组件。

1. view 组件

在微信小程序中，<view> 是一个基本的视图容器组件，用于在页面中显示内容。<view>类似于 HTML 中的 <div> 元素，可以用来包裹和布局其他组件或文本内容，主要用于组织页面结构和布局，并且可以通过添加样式类来自定义其外观，view的属性见表6-5。

表 6-5 view 组件属性说明

属 性	类 型	默认值	必填	说 明
hover-class	string	none	否	指定按下去的样式类，当 hover-class="none" 时，没有点击态效果
hover-stop-propagation	boolean	false	否	指定是否阻止本节点的祖先节点出现点击态
hover-start-time	number	50	否	按住后多久出现点击态，单位毫秒
hover-stay-time	number	400	否	手指松开后点击态保留时间，单位毫秒

当用户触摸一个具有hover-class样式类的<view>组件时，在一定时间内松开触摸，会触发hover事件并应用特定样式类。下面是一个简单的示例程序，演示如何在微信小程序中实现这一功能，代码如下：

```
<!-- index.wxml -->
<view class="my-view" hover-class="hover-class" hover-start-time="50" hover-stay-time="100" >
    点击我触发 hover 事件
</view>
/* index.wxss */
.hover-class {
  background-color: rgb(229,142,54);
}
.my-view{
  text-align: center;
}
```

在上述示例中，创建了一个 <view> 组件，并为其设置了 hover-class 样式类。同时，使用了 hover-start-time 和 hover-stay-time 属性分别设置了触发 hover 事件的时间阈值和保持触摸的时间。

当点击 <view> 组件时，根据设置的 hover-class 样式类，组件将在触摸时应用香橙背景色，运行效果如图6-22所示。

图 6-22　view 组件属性使用

2. scroll-view 组件

scroll-view是可滚动视图区域组件，它支持竖向滚动和横向滚动，常用的属性见表6-6。

表 6-6　scroll-view 部分视图属性说明

属　性	类　型	默 认 值	必 填	说　　明
scroll-x	boolean	false	否	允许横向滚动
scroll-y	boolean	false	否	允许纵向滚动
upper-threshold	number/string	50	否	距顶部/左边多远时，触发 scrolltoupper 事件
lower-threshold	number/string	50	否	距底部/右边多远时，触发 scrolltolower 事件
scroll-top	number/string		否	设置竖向滚动条位置
scroll-left	number/string		否	设置横向滚动条位置
refresher-enabled	boolean	false	否	开启自定义下拉刷新

使用scroll-view实现纵向滚动代码如下：

```
<!--index.wxml-->
<scroll-view class="scrollview" scroll-y="true">
  <view class="content">
    scrollview组件纵向滑动
  </view>
</scroll-view>
/**index.wxss**/
.scrollview {
    height: 200rpx;
```

```
        background-color: aqua;
}
.content {
        height: 500rpx;
        text-align: center;
        /*margin-top: 50rpx;*/
}
```

在上述代码中创建了一个具有垂直滚动功能的scroll-view组件。通过将scroll-y属性设置为true，启用了垂直滚动。在scroll-view组件内部，使用了一个view容器，并将scroll-view组件设置了高度200 rpx。当内容超过这个高度时，用户就可以通过滚动来查看所有内容，最终效果如图6-23所示。

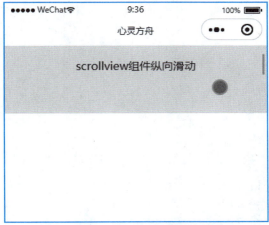

图 6-23　scrollview 组件纵向滚动

3. swiper/swiper-item

swiper/swiper-item是微信小程序提供的滑块视图容器，两者配合使用可实现轮播效果。swiper和swiper-item组件常用的属性见表6-7和表6-8。

微视频
轮播图的实现

表 6-7　swiper 组件常用属性

属　　性	类　　型	默认值	必　填	说　　明
indicator-dots	boolean	false	否	是否显示面板指示点
indicator-color	color	rgba(0, 0, 0, 0.3)	否	指示点颜色
indicator-active-color	color	#000000	否	当前选中的指示点颜色
autoplay	boolean	false	否	是否自动切换
current	number	0	否	当前所在滑块的 index
interval	number	5000	否	自动切换时间间隔
duration	number	500	否	滑动动画时长
circular	boolean	false	否	是否采用衔接滑动
vertical	boolean	false	否	滑动方向是否为纵向
display-multiple-items	number	1	否	同时显示的滑块数量

表 6-8 swiper-item 组件属性

属性	类型	默认值	必填	说明
item-id	string		否	该 swiper-item 的标识符
skip-hidden-item-layout	boolean	false	否	是否跳过未显示的滑块布局，设为 true 可优化复杂情况下的滑动性能，但会丢失隐藏状态滑块的布局信息

心灵方舟轮播图实现代码如下：

```
<!--pages/index/index.wxml-->
<!--index.wxml-->
<view class="container">
    <swiper interval="3000"indicator-dots="true"autoplay="true"circular="true">
        <block wx:for="{{swiperImg}}" >
        <swiper-item>
            <image class="img1" mode="widthFix" src="{{item}}">
        </image>
        </swiper-item>
        </block>
    </swiper>
</view>
//index.js
Page({
    data:{
        swiperImg:[
            '/images/picture1.jpg',
            '/images/picture2.jpg',
            '/images/picture3.jpg'
        ],
    }
})
```

上述代码中采用了列表渲染，它允许使用一个数组来渲染多个相同结构的元素，列表渲染的语法结构如下：

```
<view wx:for="{{array}}">
    {{index}}: {{item.msg }}
</view>
```

当在小程序组件上使用 wx:for 控制属性绑定一个数组时，可以通过该数组的每一项数据重复渲染该组件。在循环的过程中，可以使用默认的下标变量名 index 来表示数组的当前项的下标，使用默认的变量名 item 来表示数组的当前项数据，对应的.js中 Page代码如下：

```
Page({
    data:{
        array: [{
        msg:'message1'
        },
        {
```

```
        msg:'message2'
      }]
    }
 })
```

这部分代码定义了一个轮播图（swiper）组件，swiper 组件用于在页面上显示一个可滑动的轮播图，并可以展示多张图片。在这个示例中，通过 wx:for 指令和 swiper-item 组件的嵌套，对 swiper 组件的每个轮播项（图片）进行遍历，并使用 image 组件来显示图片。每个轮播项的图片链接通过 src="{{item}}" 绑定。interval="3000" 表示每张图片的切换时间间隔为 3000 毫秒（3秒）。indicator-dots="true" 表示显示轮播图的指示点。autoplay="true" 表示自动播放轮播图。circular="true" 表示轮播图的切换是循环的，即从最后一张图切换到第一张图时会无缝连接。最终运行效果如图6-24所示。

图 6-24 心灵方舟轮播图效果

轮播图效果的下方是关于大学生常见心理问题的解答，实现代码如下：

```
<!--pages/index/index.wxml-->
<!--index.wxml-->
<view class="content">
  <block wx:for="{{items}}" wx:key="index">
    <view class="fontStyle">{{item.title}}</view>
    <navigator class="nav" url="{{item.url}}">
      <text class="text-content">{{item.content}}</text>
    </navigator>
  </block>
</view>
```

同样采用列表渲染wx:for，上述代码中<block>元素用于创建一个块级作用域，它是一个逻辑元素，用于包含需要重复渲染的元素。wx:key="index" 用于指定每个项的唯一标识符。在这里，使用 index 作为唯一标识符，表示数组中每个元素在列表中的位置。<view class="fontStyle">{{item.title}}</view> 是列表中的一个项，它使用 item.title 的值作为标题，并应用了 fontStyle 样式类。<navigator class="nav" url="{{item.url}}"> 是一个可点击的导航元素，它使用 item.url 的值作为跳转链接，并应用了 nav 样式类。<text class="text-content">{{item.content}}</text> 是导航元素中的文本内容，它使用 item.content 的值作为文本，并应用了 text-content 样式类。

样式代码如下:

```
<!--pages/index/index.wxss-->
<!--index.wxss-->
.container{
  width: 100%;
}

.img1{
  width: 100%;
}

.content{
    width: 100%;
}

.nav {
  display: block;
  margin-top: 10rpx;
  padding: 10rpx;
  background-color: #9dd3ff;
  border-radius: 10rpx;
}

.text-content{
  font-size: 28rpx;
  color: rgb(75, 73, 73);
  line-height: 1.5em;
}
.fontStyle{
  margin: 25rpx;
  text-align: center;
  color:#000000;
  font-family: cursive;
  font-size: 35rpx;
  font-weight: bold;
}
```

index.js中核心代码如下:

```
Page({
data:{
      items: [
           {
              title: '/ 大学生心理健康标准 /',
              content: '大学生心理健康标准如下...大学生心理健康标准如下...大学生心理健康标准如下...大学生心理健康标准如下...大学生心理健康标准如下... ',
```

```
                    url: '/pages/details/details1/details1'
                },
                //...
            ]
        }
    })
```

当点击文本内容时能够跳转到新的下一级页面,如图6-25所示。心灵方舟首页完整的运行效果如图6-26所示。

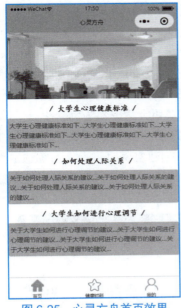

图 6-25　心灵方舟首页效果

图 6-26　跳转详情页

微视频

"健康时刻"
页面实现

二、"健康时刻"页面实现

"健康时刻"页面显示了心理健康教育相关的视频,在微信小程序中视频的播放采用video视频组件,视频组件的属性非常丰富,主要的属性见表6-9。

表 6-9　video 视频组件常用属性

属　　性	类　　型	默认值	必填	说　　明
src	string		是	要播放视频的资源地址,支持网络路径、本地临时路径、云文件 ID
duration	number		否	指定视频时长
controls	boolean	true	否	是否显示默认播放控件(播放/暂停按钮、播放进度、时间)
autoplay	boolean	false	否	是否自动播放
loop	boolean	false	否	是否循环播放
muted	boolean	false	否	是否静音播放
show-fullscreen-btn	boolean	true	否	是否显示全屏按钮
enable-auto-rotation	boolean	false	否	是否开启手机横屏时自动全屏,当系统设置开启自动旋转时生效

前端视频播放的代码如下：

```html
<!--pages/health/health.wxml-->
<!--health.wxml-->
<view class="video-container">
  <text class="video-title"> 什么是心理健康？</text>
  <video class="video-element"src="http://122.51.226.252:3060/1-1.mp4"></video>
</view>
<view class="video-container">
  <text class="video-title"> 大一新生如何快速适应大学生活？</text>
  <video class="video-element"src="http://122.51.226.252:3060/1-2.mp4"></video>
</view>
```

上述代码中122.51.226.252为服务器地址，3060为端口号，由于心灵方舟项目的视频文件是存放在云服务器上，所以这里我们介绍下如何搭建云服务器，常用的云服务器有腾讯云服务器、百度云服务器、阿里云服务器等，这里我们以腾讯云服务器为例介绍。

首先在腾讯云服务器网站找到适合自己需求的服务器并购买，这里选择的配置为：CPU -2核、内存2 GB、系统盘-SSD云硬盘 50 GB。创建实例时将操作系统选定为Windows Server 2012 R2，实例创建成功后，在工作台的服务器选项页面可以看到创建成功的实例服务器，如图6-27所示。

图6-27　创建实例

单击实例可以查看详情，在网络与域名中可看到将要使用的公网和内网的IP地址，如图6-28所示。

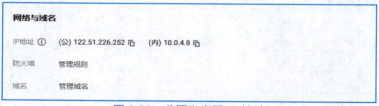

图6-28　公网和内网 IP 地址

接来下就可以登录创建的服务器实例了，这里采用Windows自带的远程桌面登录工具登录，如图6-29所示。

图 6-29　远程登录工具

登录到系统的界面如图6-30所示。

图 6-30　Window Server 2012R2 界面

接来下介绍如何配置服务器，打开本项目代码资源目录项目六/服务器端/Server/，在该目录下运行终端并输入命令node server.js，即可开启服务器，如图6-31所示。需要注意的是这里使用的端口号3060是可以自定义的。在微信小程序开发工具重新编译，在"健康时刻"页面，单击视频即可播放，如图6-32所示。

图 6-31　开启服务器中 server 程序

图 6-32 视频播放页面

三、标签栏实现

心灵方舟微信小程序共有三个页面,"首页"、"健康时刻"、"我的",当点击底部标签栏对应按钮时会显示相应的页面,标签栏配置涉及tabBar配置项,tabBar的配置属性见表6-10。

表 6-10 tabBar 属性

属性	类型	必填	默认值	说明
color	HexColor	是		tab 上的文字默认颜色,仅支持十六进制颜色
selectedColor	HexColor	是		tab 上的文字选中时的颜色,仅支持十六进制颜色
backgroundColor	HexColor	是		tab 的背景色,仅支持十六进制颜色
borderStyle	string	否	black	tabbar 上边框的颜色,仅支持 black/white
list	Array	是		tab 的列表,最少2个、最多5个
custom	boolean	否	false	自定义 tabBar

其中list是一个数组,最多配置5个,最少配置2个,list的属性见表6-11。

表 6-11 list 属性

属性	类型	必填	说明
pagePath	string	是	页面路径,必须在 pages 中先定义
text	string	是	tab 上按钮文字
iconPath	string	否	图片路径,icon 大小限制为 40 kb,建议尺寸为 81 px*81 px,不支持网络图片。当 position 为 top 时,不显示 icon
selectedIconPath	string	否	选中时的图片路径

心灵方舟小程序标签栏配置代码如下:

```
"pages": [
    "pages/index/index",
    "pages/health/ health",
```

```json
            "pages/details/details1/details1",
            "pages/details/details2/details2",
            "pages/details/details3/details3",
            "pages/mine/mine"

    ],
    "window": {
        "backgroundTextStyle": "light",
        "navigationBarBackgroundColor": "#39c3f2",
        "navigationBarTitleText": "心灵方舟",
        "navigationBarTextStyle": "black"
    },
    "tabBar": {
        "custom": false,
        "color": "#666666",
        "selectedColor": "#4b9536",
        "backgroundColor": "#ffffff",
        "borderStyle": "black",
        "list":[
            {
                "pagePath": "pages/index/index",
                "iconPath": "images/1-1.png",
                "selectedIconPath": "images/1.png",
                "text": "首页"
            },
            {
                "pagePath":"pages/health/ health" ,
                "text": "健康时刻",
                "iconPath": "images/2-1.png",
                "selectedIconPath": "images/2.png"
            },

            {
                "pagePath": "pages/mine/mine",
                "iconPath": "images/3-1.png",
                "selectedIconPath": "images/3.png",
                "text": "我的"
            }
        ]
    },
    "style": "v2",
    "sitemapLocation": "sitemap.json"
}
```

标签栏最终效果如图6-33所示。

图6-33 标签栏效果

四、"我的"界面设计

登录页面涉及表单组件和弹框组件，微信小程序提供的表单有大量表单组件，这里重点介绍input表单组件，input输入框组件常用来接收输入的文本内容，主要的属性见表6-12。

表6-12 input 输入框组件属性

属　性	类　型	默认值	必　填	说　明
value	string		是	输入框的初始内容
type	string	text	否	input 的类型
password	boolean	false	否	是否是密码类型
placeholder	string		是	输入框为空时占位符
placeholder-style	string		是	指定 placeholder 的样式
disabled	boolean	false	否	是否禁用
maxlength	number	140	否	最大输入长度，设置为 -1 的时候不限制最大长度

登录界面的制作使用了modal组件，modal是微信小程序提供的弹框组件，类似于JS中的confirm弹框组件，利用触发事件来控制hidden属性，Modal的属性见表6-13。

表6-13 modal 组件属性

属　性	类　型	默认值	说　明
title	string		标题
hidden	boolean	false	是否隐藏整个弹窗
no-cancel	boolean	false	是否隐藏 cancel 按钮
confirm-text	string	确定	confirm 按钮文字
cancle-text	string	取消	cancel 按钮文字
bindconfirm	EventHandle		点击确认触发的回调函数
bindcancle	EventHandle		点击取消以及蒙层触发的回调函数

登录界面核心代码如下：

```
    <modal class="login" title="登录账号" confirm-text="确认" cancel-text="取消" hidden="{{modalHidden}}" bindconfirm="logConfirm" >
        <label>
          <view>账号: </view>
          <input placeholder="请输入你的学号" bindinput="saveUname" />
        </label>
        <label>
          <view>密码: </view>
          <input password="{{true}}"placeholder="请输入身份证后六位"bindinput="savePWD" />
```

```
        </label>
    </modal>
```

这段代码是实现了模态框（modal），用于显示一个登录账号的界面。<modal>是一个自定义的组件，代表模态框。hidden="{{modalHidden}}"：是一个绑定属性，根据变量modalHidden的值来控制模态框的显示和隐藏。bindconfirm="logConfirm"：绑定了一个名为"logConfirm"的事件处理函数，用于处理确认按钮的点击事件。bindinput="saveUname"：绑定了一个名为"saveUname"的事件处理函数，用于保存用户输入的账号信息。

登录界面运行效果如图6-34和图6-35所示。

图6-34 登录界面

图6-35 我的信息页面

任务6.4 心灵方舟小程序部署与上线

任务描述

小同学：张老师，经过前面的学习我们团队已经完成了心灵方舟微信小程序的开发，并且实现了相关功能，那么应该如何让大家能够使用小程序以及管理运营小程序呢？

任务分析

张老师：很棒！目前只剩下小程序的发布和运营管理了，让我们一起来学习吧。

任务实现

一、小程序发布

心灵方舟微信小程序从开发到上线，一般要经过预览→上传代码→提交审核→发布等步骤。

1. 预览

为了能够在微信上检查小程序的运行效果，在工具栏中，单击"预览"按钮会自动将当前小程序项目打包并上传到微信服务器，如图6-36所示。一旦上传成功，开发者可以在界面上获得一个二维码。通过扫描该二维码，即可查看小程序的真实表现。

图 6-36　预览功能

2. 上传代码

与预览不同，上传代码是为了提交小程序以供体验或审核。要上传代码，开发者需要单击开发者工具顶部操作栏的"上传"按钮，如图6-37所示。单击"上传"按钮后弹出图6-38所示的界面，此时需要开发人员填写版本号和项目备注。注意，版本号和项目备注是为了方便管理员检查版本使用的，开发者可以根据自己的实际要求来填写这两个字段。

图 6-37　上传功能

图 6-38　项目上传信息填写

填写相关信息后单击"上传"按钮，稍等片刻出现图6-39所示的界面，则上传成功。上传成功后，登录小程序管理后台，在版本管理中找到开发版本，即可看到刚刚提交上传的版本。开发者可以将此版本设置为体验版或提交审核。

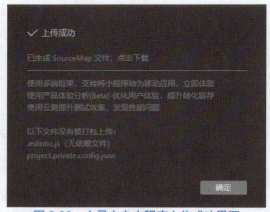

图 6-39　心灵方舟小程序上传成功界面

3. 提交审核

微信小程序的发布是需要审核的，在开发工具上传代码后需要到小程序管理后台提交审核，如图6-40所示。

图 6-40 提交审核页面

4. 发布

一旦小程序通过审核，管理员将会收到审核通过的通知，并且可以在小程序管理后台的开发管理中的审核版本页面看到已经通过审核的版本。在单击"发布"按钮后，小程序便可以正式发布了。

二、心灵方舟小程序项目成员管理

在软件开发公司中，岗位分工明确，对于开发一个微信小程序来讲需要不同的岗位。微信小程序提供了成员管理功能，包括对小程序项目成员及体验成员的管理。

打开微信小程序后台管理界面可以看到在成员管理界面包含三类：管理员、项目成员、体验成员，不同的角色具有权限也不同。以项目成员添加为例，单击"添加成员"按钮，弹出"添加用户"界面，如图6-41所示，输入要添加成员的微信号并给予相应的权限，单击"确认添加"按钮，即可完成项目成员的添加，添加完成的界面如图6-42所示。

图 6-41 添加项目成员

图 6-42 项目成员添加成功界面

拓展训练

小李同学：张老师，这是我们团队做好的"心灵方舟"小程序，您看下怎么样？

张老师：很好！但是微信小程序提供了更加丰富的功能，需要勤加练习才能达到熟练效果，比如前面项目做的"中国古诗词欣赏"，现在你们可以把它制作成微信小程序，给出最终的效果图，如图6-43所示。注意，心灵方舟小程序的布局方式不一样，标签栏在顶部。

图6-43 中国古诗词欣赏微信小程序

项目小结

本项目中，设计了不同的任务来制作"心灵方舟"大学生心理健康服务小程序，实现轮播图、列表渲染、视频播放、登录界面的制作等功能，使读者熟练掌握了微信小程序开发流程，能够运用编程知识实现任务需求功能。

习题

1. 微信小程序的前端开发使用的是什么技术？
2. 微信小程序的页面由哪些文件组成？
3. 简述微信小程序和App应用的区别。
4. 微信小程序开发常用的组件有哪些？
5. 心灵方舟小程序从开发到上线需要哪些流程？

项目七
Web 前端新技术

重点知识：
- Web VR
- 数据大屏可视化
- 可视化网页构建器
- 人工智能建站

■ 随着信息技术的迅猛发展，计算机科学与技术正迈着坚定的步伐，引领着我们走进全新的数字化世界。在这个充满无限可能的领域，各种创新的技术层出不穷，如人工智能、大数据、虚拟现实等。这些前沿技术的不断涌现，使得我们能够以更高效、更便捷的方式实现快速 Web 开发，为用户带来更加优质的 Web 页面展现效果。

情境创设

小李同学：老师，最近人工智能和VR新技术在各行各业都有着广泛的应用，这些新技术能不能使用在Web前端上呢？

张老师：你这样了解和学习新技术的精神很棒！现在有很多新技术能够在网站搭建上应用，这些技术或者工具或多或少都能提升我们的工作效率，或者让我们的网站更加炫酷，下面，让我们一起来学习吧。

学习目标

◎ 了解VR及Web VR相关知识。
◎ 了解大数据及数据大屏可视化展示相关知识。
◎ 了解可视化网页构建器相关知识。
◎ 了解人工智能相关知识，能够利用人工智能技术设计简单的页面。

项目七 | Web 前端新技术

知识导图

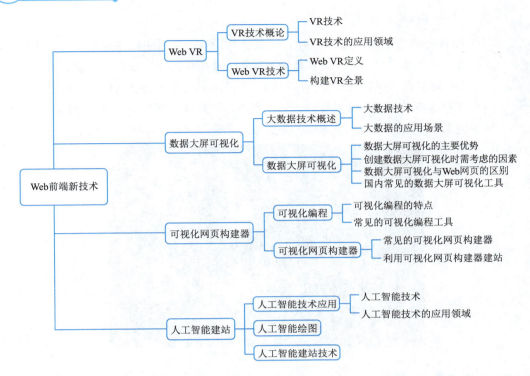

任务 7.1 认识 Web VR

任务描述

小李同学：老师，我在一些购物网站上发现，他们不仅能用图片和视频来展现商品，还可以用三维模型来展现，甚至有的还能虚拟试穿，要是我的网站也能用这样的技术就好了！

张老师：你说的技术实际上是 Web VR 技术，也就是我们常说的虚拟现实技术的延伸，不过如果想要在网站中加入这个功能，以我们现在学习的知识还是远远不够的，你还要多学习三维建模和虚拟现实的知识，我们现来简单了解下吧，最后要完成一个 VR 全景的建设。

任务分析

张老师：运用 Web VR 技术的网站还是比较好找的，只要想通过视觉让用户获得良好体验的网站基本都运用了这项技术，不过在寻找之前，我们需要知道什么是 Web VR 技术。

相关知识

一、VR 技术概论

微视频
VR 技术概论

VR即虚拟现实（virtual reality），是一种通过计算机生成的模拟环境，通过穿戴式设备（如头戴式显示器）或其他交互设备，使用户能够沉浸在一个虚拟世界中。

虚拟现实技术通常利用立体声视觉、听觉和触觉等多种感官输入，以及跟踪用户的头部和身体动作来提供逼真的体验。当用户佩戴虚拟现实设备时，他们可以看到和感受到似乎真实存在的虚拟环境，并能够与之进行互动，如图7-1所示。

图 7-1 虚拟现实技术

虚拟现实在娱乐、游戏、教育、医疗、设计和培训等领域有广泛的应用。它可以为用户创造出一种身临其境的感觉，提供全新的体验和交互方式。虚拟现实技术不断发展，为人们带来越来越多的可能性和创新。

VR技术在多个领域中都有广泛的应用。以下是一些主要的应用领域：

（1）游戏和娱乐：在虚拟现实技术的推动下，游戏行业不断涌现出各种令人震撼的沉浸式体验。玩家可以通过虚拟现实头盔，进入一个充满真实感的虚拟世界，与游戏中的场景、角色和元素进行互动。这种身临其境的感觉让玩家更加投入，也能够获得一种全新的娱乐体验。

（2）教育和培训：虚拟现实技术已经开始广泛应用于教育和培训领域，为学生和培训人员带来了全新的学习方式。通过虚拟现实技术，学生和培训人员可以模拟各种实际场景，如虚拟实验室、模拟飞行和手术培训等。这种全新的学习方式能够提高学生和培训人员的实践能力，让他们更好地理解和掌握所学的知识。

（3）医疗和心理健康：虚拟现实技术已经被广泛应用于医疗领域，为医生和患者提供了更好的医疗服务和体验。虚拟现实技术可以帮助医生进行手术模拟，让患者在模拟环境中进行康复训练，以降低手术风险和疼痛。此外，虚拟现实技术还可以应用于心理治疗，为患者提供沉浸式的心理治疗环境，帮助他们缓解心理压力和焦虑。

（4）虚拟旅游：虚拟现实技术可以让人们足不出户，就能身临其境地探索远离家乡的地方，如名胜古迹、自然风景等。通过虚拟现实技术，人们可以更加真实地感受到各地的风土人情，为他们提供一种沉浸式的旅游体验。

（5）建筑和设计：虚拟现实技术在建筑和设计行业中发挥着越来越重要的作用。建筑师和设计师可以利用虚拟现实技术，更好地理解和展示他们的设计方案，与客户进行更加有效的沟通。虚拟现实技术还可以帮助建筑师和设计师更好地模拟和评估建筑和设计方案，提高项目的成功率。

（6）社交交互：虚拟现实技术为人们提供了一种全新的社交交互方式，人们可以在虚拟世界中与其他人进行交流、协作和参与各种活动，也就是我们最常说的元宇宙。这种全新的社交方式可以让人们突破时空的限制，扩大社交圈，提高社交质量。除了上述领域，VR技术还在旅游、体育、电影制作、艺术和文化等各个领域中发挥着作用，为人们创造更加丰富和引人入胜的体验。

二、Web VR 技术

虚拟现实只是一种技术，我们所学习的Web更像是一种载体，能够让VR技术在Web页面上进行展示和实现。

Web VR（Web virtual reality）是一种将虚拟现实技术应用于Web浏览器的方法。它允许用户通过普通的Web浏览器访问和体验虚拟现实内容，而无须安装任何额外的软件或插件。

微视频
Web VR 技术

Web VR就是通过JavaScript和WebGL等Web技术，在不需要任何额外的插件或者库的情况下，在网页中为虚拟现实渲染提供支持的API。让开发者能够将位置和动作信息转换成3D场景中的运动，为用户带来沉浸式的VR体验。这种技术为开发者提供了一种简化的方式，可以将虚拟现实体验带给更广泛的用户群体，而不需要他们下载和安装独立的应用程序。

通过Web VR，开发者可以创建虚拟现实游戏、模拟器、教育应用和其他类型的交互体验，让用户能够沉浸在逼真的虚拟环境中。这种技术的发展有助于推动虚拟现实的普及和可访问性，使更多人可以享受虚拟现实的好处。

以下是一些常见的网站，它们在一定程度上应用了Web VR技术：

（1）Sketchfab：作为一个3D模型库，Sketchfab的在线3D模型资源丰富，且用户可以分享、浏览、交互体验各类虚拟现实内容。通过Web VR技术，用户可以沉浸式地在虚拟空间中探索各种形状、材料和纹理，如同亲身参与一样，更深入地了解设计师的作品。此外，Sketchfab还支持3D模型的上传与下载，这使得设计师能够与其他人分享创作灵感，共同打造充满创意的虚拟现实世界。

（2）Mozilla Hubs：作为由Mozilla开发的社交虚拟现实平台，Mozilla Hubs将现实世界中的人们带到虚拟环境中，共同体验虚拟现实和增强现实。通过Web VR技术，用户可以与朋友一起进行虚拟旅游、探险、创作等各种活动。通过分享彼此的虚拟现实体验，用户可以共同探索未知的世界，增进友谊与合作。

（3）Within：作为一个虚拟现实内容平台，Within提供了各种类型的VR体验，如纪录片、动画和故事片等。通过Web VR技术，用户可以观看这些优质的虚拟现实内容，感受沉浸式的观影体验。此外，Within还为创作者提供了虚拟现实内容制作工具，让他们能够在平台上共享自己的作品，与其他创作者交流心得。

（4）A-Frame官方网站：A-Frame是一个开源的虚拟现实框架，让开发者可以使用Web技术创建交互式虚拟现实应用。通过Web VR技术，开发者可以在浏览器中创建丰富的虚拟现实体验,让用户无须下载或安装特定软件,即可在网页上探索和互动。这为Web VR技术的普及和应用提供了极大的便利,同时也拓宽了虚拟现实技术的应用场景。

以上例举的均为国际知名的在线平台,在国内同样备受欢迎的还有许多。其中比较知名的包括十一维度Web VR开放平台。该平台是专业的三维模型制作和展示的平台,致力于为用户提供一站式服务,包括模型上传、制作、预览、分享等。用户只需在该平台上上传3D模型,平台就会为用户自动生成对应的三维模型Web页面,同时提供相关工具帮助用户调整和优化。用户可将生成的三维模型页面嵌入到自己的网站或者网页中进行展示,也可将其分享给其他用户或平台,如图7-2所示。

图7-2 十一维度Web VR开放平台

另一个非常知名的国内在线平台是720云,该平台同样提供了丰富的全景图制作和展示服务。用户可以在该平台上上传自己的全景图片,并进行编辑、调整和优化,从而生成自己想要的全景图。同时,该平台还提供了社交功能,用户可以和其他用户交流,分享自己的作品,共同探讨学习相关技术,如图7-3所示。

图7-3 720云

任务实现

利用720云,制作VR全景具体流程如下:

进入720官网后,注册并登录账号,进入工作台,如图7-4所示。

图 7-4　进入 720 云工作台

找到720漫游并上传作品，如图7-5所示。

图 7-5　上传全景照片

单击"创建作品"按钮，并查看作品，最终效果如图7-6所示。

图 7-6　最终效果图

任务 7.2 认识数据大屏可视化

任务描述

小李同学：张老师，在刚刚的介绍中，您说到Web网页是信息的载体，那么还有哪些技术也是通过Web网页进行展现的呢？

张老师：数据大屏可视化呀，这也是当下比较流行的数据展现方式，在这个任务中，我们可以一起利用百度数据可视化Sugar BI动手搭建一个数据大屏可视化。

任务分析

张老师：随着互联网的发展，人们每天都会产生海量的数据，这些数据我们就可以叫大数据，这么多的数据有没有什么方式能够一目了然地展现在用户面前呢？这个时候就要使用数据大屏可视化，要想学习数据大屏可视化，我们先从大数据讲起。

相关知识

一、大数据技术概述

1. 大数据的定义和特征

大数据（big data）是指规模庞大、类型多样且难以用传统数据处理工具进行捕捉、管理和处理的数据集合。它通常具有三个关键特征，被称为"三V"：

（1）Volume（数据量大）：大数据的特点之一是数据量巨大，远远超出了传统数据处理工具的处理能力。这些数据可以来自传感器、社交媒体、互联网交易等。大数据的规模可能以TB（TB，即千亿字节）甚至PB（PB，即百万亿字节）来衡量。

（2）Variety（数据多样）：大数据不仅包括结构化数据（如数据库中的表格数据），还包括半结构化和非结构化数据，如文本、图像、音频、视频等。这些数据以不同的格式和形式存在，需要特殊的工具和技术来提取有用的信息。

（3）Velocity（数据速度快）：大数据具有快速生成和传输的特点。数据可以实时或几乎实时地生成，需要在短时间内进行处理和分析。例如，互联网交易、传感器数据和社交媒体数据等。

除了"三V"之外，还有其他一些与大数据相关的特征，如可变性（Variability，数据的变化速度）、复杂性（Complexity，数据的复杂性）和价值（Value，从大数据中提取的洞察和价值）。大数据可以通过深入分析和挖掘，揭示隐藏的模式、趋势和关联，从而为组织和企业提供更好的决策支持和商业价值。

为了处理大数据，需要采用特定的技术和工具，例如，分布式计算、云计算、大数据存储和处理框架（如Hadoop和Spark），以及数据挖掘和机器学习算法等。

2. 大数据的应用场景

大数据在各个领域都有广泛的应用场景。以下是一些常见的大数据应用场景：

（1）商业智能和数据分析。

大数据可以帮助企业分析销售数据、市场趋势、消费者行为等，从而做出更准确的商业决策，改进产品和服务，并提高营销策略的效果。

微视频

大数据技术应用

主要包括：

① 消费者购买行为分析、供应链分析、销售数据分析、竞争情况分析等。

② 基于数据挖掘的预测分析，如聚类分析、相关分析、回归分析等。

③ 利用数据可视化技术，将分析结果以图表、图像等形式呈现，帮助企业更好地了解业务情况，做出更明智的决策。

④ 预测性分析，如客户细分、客户流失预测、销售额预测等。

京东商城是我国的一家电商平台，拥有庞大的用户群体和商品数据。为了提高商品推荐准确率和用户购买率，京东利用大数据技术进行用户画像和商品画像。

首先，京东通过用户画像来了解每个用户的特征和偏好。通过分析用户行为数据，京东可以了解到每个用户的购买历史、浏览记录、搜索记录等，从而分析出用户的消费水平、购买偏好和购买习惯等信息。

其次，京东通过商品画像来了解每个商品的特征和优势。通过分析商品数据，京东可以了解到每个商品的属性、价格、销售情况等，从而分析出商品的竞争力、价格敏感度、销售趋势等信息。

最后，京东根据用户画像和商品画像的结果，向用户推荐更加符合其需求的商品，提高商品推荐准确率和用户购买率。例如，当一个用户在京东的网站上浏览了一些商品之后，京东就会根据这些商品的数据和用户的购买记录和浏览记录，向该用户推荐一些更加符合其需求的商品，这样就能够提高商品推荐准确率和用户购买率。

（2）金融风险管理。

金融机构利用大数据分析技术来评估风险，监测欺诈活动，进行信用评分和信用风险分析，以及进行投资组合管理和交易分析等。

汇丰银行是一家全球性的金融机构，业务范围涵盖零售银行、企业银行、投资银行和私人银行等领域。在面对日益增长的信用卡和借记卡欺诈行为时，汇丰银行决定采用大数据技术来提高其欺诈防范能力。

汇丰银行利用SAS构建了一套全球业务网络的防欺诈管理系统。该系统通过收集和分析客户的交易数据、行为数据和外部数据，对信用卡和借记卡欺诈进行实时检测和识别。具体来说，该系统可以实现以下功能：

① 实时监控：系统可以实时监控客户的交易情况和行为模式，一旦发现异常情况，如大量购买、频繁交易等，就会立即触发警报。

② 数据可视化：系统可以将收集的数据进行可视化展示，帮助银行工作人员更直观地了解客户的交易情况和欺诈风险。

③ 数据分析：系统可以对收集的数据进行分析，识别出欺诈行为的规律和特征，为银行提供个性化的欺诈防范方案。

④ 自动决策：系统可以根据分析结果自动进行决策，如暂停交易、提高信用额度等，以减少欺诈风险。

通过该系统的应用，汇丰银行成功地提高了信用卡和借记卡欺诈防范能力，为全球范围内的客户提供更安全、高效的金融服务。

（3）医疗保健和生物医学研究。

大数据分析可用于疾病预测和早期诊断、个体化治疗方案制订、医疗资源管理、流行病监测等，具体包括：

① 精准医疗：精准医疗是一种基于个体基因组信息、环境因素和生活习惯，为患者提供个性化治疗的方法。精准医疗需要整合大量的医疗数据，包括基因组数据、临床数据、影像数据等，通过数据分析和挖掘，识别出与疾病相关的遗传标记和环境因素，从而为患者提供更加精准的治疗方案。

② 疾病预测和预防：医疗保健机构可以通过分析患者的医疗数据，发现患者的健康问题和疾病风险，提前进行干预和预防。例如，通过分析患者的基因组数据和临床数据，可以预测患者患某种疾病的风险，从而提前采取措施进行预防和控制。

③ 临床决策支持：医疗保健机构可以通过大数据分析技术，为医生提供临床决策支持，提高医生的诊断准确性和治疗效率。例如，通过分析大量的临床数据，可以识别出某种疾病的治疗方法和副作用之间的关系，为医生提供参考。

④ 药物研发：生物医学研究领域可以通过大数据分析技术，加速药物研发的进程。例如，通过分析大量的药物化合物数据和基因组数据，可以筛选出具有特定活性或副作用的药物，为新药的研发提供方向。

⑤ 患者管理和远程监控：医疗保健机构可以通过远程监控技术和患者自我管理工具，对患者的健康状况进行实时监测和管理。例如，通过远程监控技术，可以实时监测患者的生命体征和健康状况，及时发现和处理病情变化。

（4）城市规划和智慧城市。

大数据在城市规划和管理中起着关键作用。通过分析城市交通数据、环境传感器数据和公共服务数据等，可以改善交通流动性，提高能源利用效率，优化城市基础设施和公共服务。

上海是中国智慧城市建设较为成熟的城市之一。通过建设大数据中心和智慧城市平台，整合城市各类数据资源，为城市规划、交通管理、环境监测等方面提供智能化的解决方案。例如，通过大数据分析技术，上海实现了对交通拥堵的智能管理，减少了城市交通事故的发生率。

（5）社交媒体和个性化推荐。

社交媒体平台通过分析用户行为和兴趣，利用大数据技术提供个性化的推荐内容、广告定位和社交网络分析等服务。国内社交媒体使用大数据来进行个性化推荐的案例有很多，如：

① 微信：微信是中国最大的社交应用之一，它通过大数据和个性化推荐算法为用户推荐个性化的内容。微信通过收集用户的社交关系、阅读历史等数据，以及分析用户的兴趣和偏好，为用户推荐相关的公众号、小程序、游戏等内容。

② 微博：微博是中国知名的社交媒体平台之一，它通过大数据和个性化推荐算法为用户推荐个性化的内容。微博通过收集用户的浏览历史、关注列表等数据，以及分析用户的兴趣和偏好，为用户推荐相关的微博内容。

③ 抖音：抖音是一款短视频社交应用，它通过大数据和个性化推荐算法为用户推荐个性

化的视频内容。抖音通过收集用户的观看历史、点赞等数据,以及分析用户的兴趣和偏好,为用户推荐相关的视频和直播内容。

④ 知乎:知乎是一个以知识分享为主的社交网站,它通过大数据和个性化推荐算法为用户推荐个性化的内容。知乎通过收集用户的阅读历史、关注列表等数据,以及分析用户的兴趣和偏好,为用户推荐相关的文章、回答、问题等内容。

(6)制造和供应链管理。

大数据分析可帮助制造业优化生产过程、改进产品质量控制和预测维护,提高供应链的效率和可靠性。主要表现在:

① 实时监控生产过程:通过实时监控生产过程,可以及时发现和解决问题,从而提高生产效率。例如,某电子制造企业通过大数据分析,可以实时监控生产线上的设备运行情况,及时发现和解决问题,从而提高生产效率。

② 优化库存管理:通过分析大数据,可以了解市场需求和库存情况,从而更好地制订采购和库存管理策略。例如,某零售企业通过大数据分析,可以了解销售情况和库存情况,从而更好地制订采购和库存管理策略。

③ 提高客户服务水平:通过大数据分析,可以更好地了解客户需求和偏好,从而提供更个性化的服务。例如,某电商企业通过大数据分析,可以了解客户的购买历史和偏好,从而推荐更符合客户需求的产品和服务。

④ 优化运输和物流:通过实时监控运输和物流情况,可以更好地管理物流成本和提高运输效率。例如,某物流企业通过大数据分析,可以实时监控货物的运输情况,优化运输路线和物流管理,从而提高运输效率和降低物流成本。

⑤ 降低运营成本:通过大数据分析,可以更好地管理供应链和生产过程中的成本,从而降低运营成本。例如,某制造企业通过大数据分析,可以优化生产流程和降低生产成本,从而提高生产效率和降低运营成本。

(7)能源管理。

大数据分析在能源领域可用于监测和优化能源生产和消耗,提高能源效率,支持智能电网和可再生能源集成等。常见的有:

① 能源生产管理:在能源生产领域,大数据可以用于监测和预测能源设备的运行状况,从而及时进行维护和更换,提高能源生产的效率和可靠性。例如,某电力公司通过大数据分析,可以监测发电设备的运行状况,预测设备的维护时间和更换周期,从而提高设备的运行效率和可靠性,降低生产成本。

② 能源消费管理:在能源消费领域,大数据可以用于分析和预测能源需求,从而更好地管理和调度能源供应。例如,某城市通过大数据分析,可以预测城市的能源需求,制定能源调度计划,优化能源供应,从而提高能源利用效率和降低能源浪费。

③ 能源市场管理:在能源市场管理领域,大数据可以用于分析和预测能源市场的价格变动和供需变化,从而更好地制订能源采购和销售策略。例如,某石油公司通过大数据分析,可以预测国际油价的变动趋势,制订石油采购和销售策略,提高公司的市场竞争力。

④ 能源安全管理:在能源安全管理领域,大数据可以用于监测和预测能源设备的故障和异常情况,从而及时发现和处理安全隐患。例如,某石油钻井平台通过大数据分析,可以监

测平台的运行情况和设备的故障征兆，预测故障的发生时间和严重程度，从而提高平台的安全性和可靠性。

⑤ 智能电网管理：在智能电网管理领域，大数据可以用于分析和优化电网的运行状况，从而提高电网的可靠性和节能效果。例如，某电力公司通过大数据分析，可以监测电网的负载情况和电能质量，优化电网的供电策略和调度计划，从而提高电网的可靠性和节能效果。

这只是大数据应用场景的一小部分，随着技术的进步和创新，大数据在各个行业的应用还在不断扩展和演进。

二、数据大屏可视化

数据大屏可视化是将大量数据通过可视化手段展示在大屏幕上的过程。这种数据展示方式旨在通过图表、图形、地图等视觉元素，将复杂的数据信息转化为直观、易于理解的形式，帮助人们更快速地获取数据和关键信息。

1. 数据大屏可视化的主要优势

① 实时监测：通过数据大屏可视化，可以实时监测和追踪各种数据指标和指标趋势，帮助用户随时了解当前情况。

② 决策支持：使决策者能够更好地理解复杂数据关系，快速发现模式和趋势，并做出更明智的决策。

③ 效率提升：通过数据大屏可视化，可以将大量数据整合在一个屏幕上，避免反复切换不同的数据源，提高数据分析和处理的效率。

④ 可视化效果：大屏幕上的图表和图形通常具有更好的视觉效果，有助于吸引观众的注意力，提高信息传递的效果和效率。

⑤ 群体展示：数据大屏通常用于会议、展览、控制中心等场合，可以同时向多人展示数据，促进团队合作和决策共识。

2. 创建数据大屏可视化时需要考虑的因素

① 数据源和数据集成：确定所需数据，并确保能够从各种数据源中获取数据并进行整合。

② 可视化元素选择：选择适合展示数据的图表、图形和地图类型，确保它们能够清晰传达数据信息。

③ 实时数据更新：如果需要实时监测数据，确保数据大屏能够及时更新数据，并保持准确性。

④ 用户体验：优化数据大屏的用户界面和交互方式，使用户能够轻松地浏览和理解数据。

⑤ 安全性和隐私保护：确保数据大屏的数据传输和存储过程中保持安全，避免敏感数据泄露。

综合来看，数据大屏可视化是一种强大的工具，可以帮助用户更好地理解和利用大数据，提高数据分析和决策的效率和准确性。

3. 数据大屏可视化与 Web 网页的区别

虽然数据大屏可视化和Web网页都是通过浏览器来呈现内容的方式，但它们在目的、设计和展示上有一些不同：

（1）目的。

数据大屏可视化旨在将大量数据以可视化的方式展示在大屏幕上，帮助用户直观地理解和分析数据，通常用于监测、数据分析、决策支持等场景。

Web网页则是用于展示和交互的网站页面，用于向用户提供信息、服务、交互功能等，通常用于信息发布、电子商务、社交媒体等应用。

（2）设计和布局。

数据大屏可视化通常设计为整洁、简明的样式，将重点放在数据图表和图形上，最大程度地展示数据。布局通常优化了可视化效果，使数据更易于理解。

Web网页设计更多考虑用户体验和交互，可能包含多个页面、导航菜单、搜索功能等，以提供更广泛的信息展示和用户操作。

（3）数据展示。

数据大屏可视化主要通过各种图表、图形、地图等形式来展示数据，重点在于直观和快速传达数据洞察。

Web网页展示内容更加多样，可以包含文字、图像、视频、动画等多种元素，以及丰富的交互效果。

（4）用户体验。

数据大屏可视化注重数据的清晰展示，追求用户快速获取信息，对用户交互要求相对较低。

Web网页更注重用户体验，包括页面导航、响应速度、交互友好性等，以提供更好的用户体验。

虽然数据大屏可视化和Web网页有一些区别，但它们也可以结合使用。在某些情况下，可以将数据大屏可视化嵌入到Web网页中，使用户能够在网页上直接访问和查看大屏幕上的数据展示。这样，可以为用户提供更全面和多样化的数据展示和交互体验。

4. 国内常见的数据大屏可视化工具

国内常见的数据大屏可视化工具有很多，如百度数据可视化Sugar BI（见图7-7）、腾讯云图数据可视化（见图7-8）、阿里可观测可视化Grafana版（见图7-9）等。

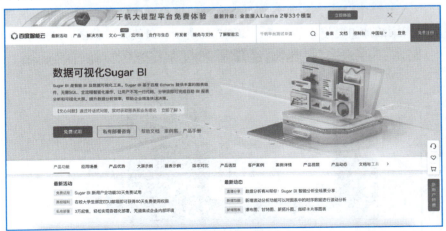

图7-7　百度数据可视化Sugar BI

这些工具甚至不需要我们书写代码，就能够帮助我们快速搭建数据大屏可视化页面。

图 7-8　腾讯云图数据可视化

图 7-9　阿里可观测可视化 Grafana 版

任务实现

想要利用百度数据可视化 Sugar BI 搭建数据大屏，首先要进入官网，在注册登录后，新建组织，在组织中完成新建大屏的操作。

在平台中，为用户提供了各种类型的模板，如果没有想要的模板，可以新建空白的模板，根据自身需求添加想要使用的控件，如图 7-10 所示，最终效果如图 7-11 所示。

图 7-10　根据需要添加想要的控件

项目七 | Web前端新技术

图 7-11　添加完成后的页面

最后单击"发布"按钮，即可完成数据大屏的制作，如图7-12所示。

图 7-12　发布数据大屏可视化

任务 7.3　认识可视化网页构建器

📊 任务描述

小李同学：这样拖拖拽拽就能完成数据大屏可视化太方便了！要是编写Web页面也能这样就好了！

张老师：还真的可以，你知道可视化网页构建器或可视化编程么？

小李同学：我还不知道。

张老师：那来跟我一起慢慢学习吧，在本任务中，我们将利用凡科建站进行无代码建站。

🔺 任务分析

张老师：可视化编程是一种编程方式，通过直观的可视化界面和图形元素来创建程序，而无须手写传统的代码。它是一种以图形化方式组织和操控程序逻辑的方法，通常用于简化编程过程，使非专业的用户也能够参与程序开发。

201

相关知识

一、可视化编程

在可视化编程中，通常使用拖拽和连接图块（也称为拖拽式编程）的方式来设计和组织程序的逻辑。每个图块代表一个功能模块，用户可以将它们连接在一起，形成程序的流程和操作步骤。

可视化编程的主要特点包括：

① 图形化界面：可视化编程工具通常提供直观的图形化界面，用户可以在这个界面上拖拽和放置图块，而不需要编写代码。

② 拖拽连接：用户可以通过拖拽和连接图块的方式来建立程序的逻辑和流程，这种方式更加直观和易于理解。

③ 模块化设计：每个图块代表一个特定的功能或操作，使得程序逻辑可以模块化和复用。

④ 教育和入门友好：可视化编程工具通常被用于教育领域，帮助初学者学习编程概念，并降低编程的学习门槛。

⑤ 适用范围：可视化编程通常用于简单的应用程序、游戏、动画、自动化流程等场景，对于复杂的程序和项目可能不够灵活。

以下是一些不需要编写传统代码就能完成编程的语言或工具：

① Blockly：一种可视化编程语言，允许用户通过拖拽和连接图块来创建程序。它特别适用于教育领域，帮助初学者学习编程概念，如图7-13所示。

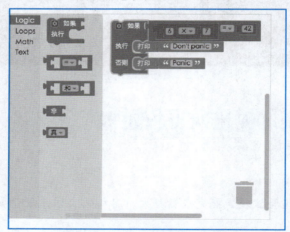

图7-13　Blockly可视化编程

② Scratch：一种可视化编程语言，专门用于教育和娱乐。用户可以在网页界面上使用图块拼接来创建动画、游戏和交互式应用程序，如图7-14所示。

③ MIT App Inventor：一个可视化的移动应用程序开发工具，允许用户创建Android应用程序，通过拖拽和连接图块来设计应用程序的功能和界面。

④ Zapier：无代码自动化工具，它允许用户在不编写代码的情况下创建各种应用程序和工作流程之间的集成。

这些工具和语言通常被设计用于简化编程过程，使非专业的用户也能够创建自己的应用程序、工作流程或数据可视化。它们提供了一种更易于上手的方式，使更多的人能够体验到编程和自动化的乐趣。然而，对于更复杂的应用程序和项目，仍然需要传统编程语言和编码技能来实现。

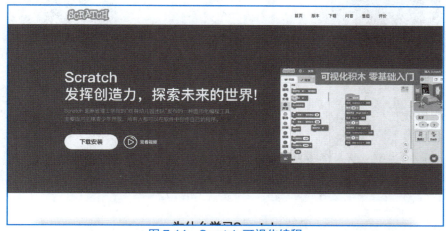

图 7-14　Scratch 可视化编程

二、可视化网页构建器

接下来我们来一起认识可视化网页构建器，可视化网页构建器是一种工具，可以帮助非程序员创建和设计网页。以下是一些常见的可视化网页构建器：

（1）Wix：Wix 是一个流行的可视化网页构建器，它提供了一个用户友好的界面，使用户能够轻松创建漂亮的网站。用户可以通过选择和定制模板来创建自己的网站。

（2）Squarespace：Squarespace 是一个适用于个人和小型企业的网页构建器。它提供了一系列精美的模板，用户可以通过拖放编辑器来添加和编辑内容。

（3）WordPress：WordPress 是一个流行的内容管理系统，它可以用于创建博客和网站。它提供了一个强大的插件和主题库，用户可以通过选择和编辑模板来创建自己的网站。

（4）Webflow：Webflow 是一个云端的可视化网页构建器，它提供了一个强大的设计和编辑工具，使用户能够创建漂亮且响应式的网站。

（5）GoDaddy Website Builder：GoDaddy 是一个流行的域名注册商和主机提供商，他们提供了一款名为 GoDaddy Website Builder 的可视化网页构建器，帮助用户创建自己的网站。

（6）凡科建站：一款面向自助式营销型网站建设平台的网页构建器，支持快速搭建响应式网站、多语言网站等。

任务实现

以凡科建站为例进行简单的说明，进入凡科建站官网，在注册和登录账号后，单击"新建网站"按钮，输入网站的名称后，单击"立即创建"按钮，如图7-15所示。

工具中提供了大量的模板供选择，如图7-16所示，可以选择自己想要的模板，并在模板的基础上通过个性化的设置，如图7-17所示，将网站变成自己想要的效果。

利用网页构建器建站

图 7-15　创建网站

图 7-16　选择模板

图 7-17　个性化设置

当设置好网站中所有的个性化设置后，就可以单击"预览"按钮，浏览自己的网站，如果没有问题就可以单击"保存"按钮，并在自己的域名中发布，如图7-18所示。

图 7-18　预览并发布网站

任务 7.4　认识人工智能建站

任务描述

小李同学：张老师，这样快捷了很多，但是我在使用的过程中发现，我建站的时候还要找一些图片素材，这些图片素材都有版权，版权费太贵了，并且这种拖拽建站的方式写出的网页功能和样式也不是我想要的，我还是要自己写网站，有没有效率更高的办法？

张老师：你提到了版权问题，这点很好，我们在做网站的时候要有版权意识，其实你说的这两个问题都是行业痛点，这两个问题基本都被人工智能解决了，人工智能不仅能够绘图，还能够帮助我们建站，我们来一起学习吧，在本任务中，我们就要利用人工智能技术实现抢购倒计时功能。

任务分析

张老师：人工智能技术是一项突破性的技术，它在很多领域都具有广泛的应用前景。在编程和快速建站方面，人工智能技术发挥着重要的作用。首先，编程是一项需要高度技术和知识的工作。然而，人工智能技术可以帮助我们完成大量的编程任务。人工智能技术可以通过学习和优化编程语言，实现自动化编程。同时，人工智能技术还可以通过分析源代码，优化代码结构和代码效率。这可以极大地提高编程效率，减少编程错误，从而加速项目的开发。其次，快速建站是一项具有挑战性的任务。因为网站的设计和开发需要大量的时间和资源。然而，人工智能技术可以通过分析网站设计的标准和风格，快速生成网站设计的原型。同时，人工智能技术还可以通过分析网站的需求和功能，自动生成网站的代码。这可以极大地提高网站的开发速度，缩短网站的开发周期。

相关知识

一、人工智能技术应用概述

人工智能（artificial intelligence，AI）是一种模拟人类智能的技术。它指的是通过计算机系统模拟、理解、学习和执行类似于人类思维和决策的任务。人工智能的目

微视频

人工智能技术应用概述

标是使计算机能够执行类似于人类的认知活动,如学习、推理、解决问题、感知环境、理解自然语言等。人工智能的发展涵盖了多个领域,包括机器学习、深度学习、自然语言处理、计算机视觉等。人工智能已经在许多领域得到广泛应用,以下是其中一些主要的应用领域:

(1)自动驾驶:人工智能技术用于自动驾驶汽车,使车辆能够自主感知环境、做出决策并安全驾驶。百度公司的自动驾驶技术已经在北京、长沙、美国等地进行了测试和试用,其自动驾驶出租车也在部分地区投入运营。

(2)语音助手:智能语音助手(如Siri、Alexa、Google Assistant、小爱同学、天猫精灵)使用自然语言处理和语音识别技术,帮助用户执行任务和回答问题。

(3)机器人和自动化:人工智能在制造业和物流领域中应用广泛,用于自动化流程和任务。如顺丰物流机器人,顺丰物流机器人可以帮助快递员减轻工作负担,提高物流运输的效率和准确性。这种机器人通常使用激光扫描仪和传感器等设备来感知周围环境,并使用轮式移动方式在地面行驶。

(4)自然语言处理:人工智能技术帮助机器理解和处理人类自然语言,如翻译、文本摘要和情感分析。现在国内应用最为广泛的是百度文心一言(见图7-19)。文心一言是全新一代知识增强大语言模型,文心大模型家族的新成员,能够与人对话互动、回答问题、协助创作,高效便捷地帮助人们获取信息、知识和灵感。文心一言是知识增强的大语言模型,基于飞桨深度学习平台和文心知识增强大模型,持续从海量数据和大规模知识中融合学习,具备知识增强、检索增强和对话增强的技术特色。

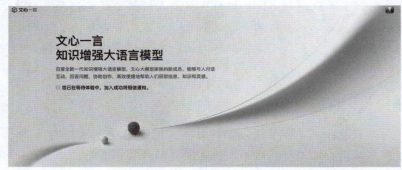

图7-19　百度文心一言

(5)游戏与娱乐:AI在游戏中可以作为对手或角色,提供更具挑战性的游戏体验。

(6)农业:农业领域利用人工智能技术进行智能农业管理,如作物监测、预测和优化种植方案。

二、人工智能绘图

在建站的时候有些装饰类的图片可能存在版权问题,但是,只要使用人工智能来帮助我们绘制图片,就能在最大程度上避免由版权引起的不必要的纠纷。

在人工智能的帮助下,有一些可以实现绘图和创作的软件工具:

(1)DeepArt.io:这是一个基于深度学习的在线绘画工具,它可以将你的照片转换为著名艺术家的风格,如梵高、毕加索等。

（2）RunwayML：这是一个AI艺术创作平台，可以帮助艺术家和创作者使用预训练的模型来生成艺术作品，包括图像、音乐和视频等。

（3）Artbreeder：这是一个使用GAN（生成对抗网络）技术的在线平台，允许用户合成和混合不同的图像来创建新的艺术品。

（4）NVIDIA GauGAN：由NVIDIA开发的一个AI绘图工具，可以通过简单的手绘草图来生成逼真的景观图片。

（5）PaintsChainer：这是一个自动上色工具，它使用神经网络为线稿自动上色，可用于漫画、插图和动画。

（6）Midjourney：一款由David Holz开发的AI绘画工具，只要输入想到的文字，就能通过人工智能产出相对应的图片，耗时大约一分钟。

（7）文心一格：文心一格是百度推出的AI作画产品。用户输入文字描述，系统即可快速生成创意画作。

三、人工智能建站技术

如果在网页搭建的过程中，有一些个性化的需求，此时可以让人工智能来帮助我们。其中最为知名的就是ChatGPT，ChatGPT是一种基于人工智能的聊天机器人，它可以模拟人类对话，并能够提供各种回答和响应，以帮助用户解决问题或获取信息。ChatGPT是由OpenAI公司开发的，它使用了自然语言处理技术和深度学习算法来处理输入的文本，并生成相应的回答或响应。ChatGPT可以用于各种应用场景，如自动问答系统、语言翻译、文本生成等。它能够理解多种语言，包括英语、中文、西班牙语、法语、德语等，并能够处理各种类型的文本输入，如句子、段落、文章等。使用ChatGPT非常简单，用户只需输入问题或请求，然后等待ChatGPT的响应即可。ChatGPT可以快速生成自然、流畅、准确的响应，以帮助用户解决问题或获取信息。

当然，除了ChatGPT外，还有一些类似的软件，比如：

（1）GPT-3：GPT-3是OpenAI开发的大型语言模型，它是ChatGPT的基础，可以执行多种语言任务，如对话、翻译、代码生成等。

（2）Chatbot：有许多其他公司和研究机构也开发了类似的聊天机器人软件，它们使用不同的技术来实现智能对话功能。

（3）IBM Watson Assistant：提供了一个强大的对话系统，允许开发者构建自定义的虚拟助手或聊天机器人。

（4）Microsoft Azure Bot Services：一个用于构建、测试和部署聊天机器人的开发工具包。

（5）Dialogflow：是谷歌的自然语言理解平台，可以帮助开发者构建智能对话机器人。

任务实现

这里我们以"AiRobot"为例进行说明。进入官网注册并登录账号后，即可向AI提出想要展示的页面需求，如图7-20所示。

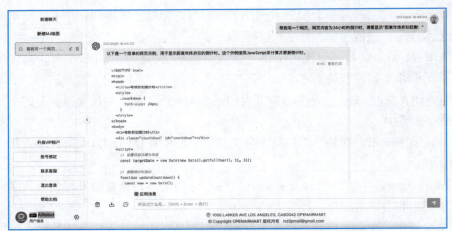

图 7-20　向 AI 提出需求

运行代码，观看效果，如图7-21所示。

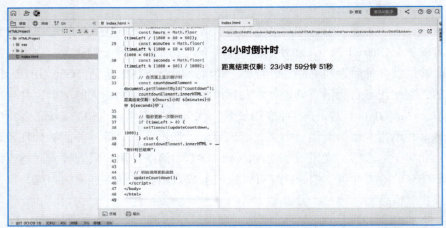

图 7-21　AI 生成的网页

如果觉得功能不够完善或样式不够美观，还可以向AI提出要求，让AI更改，如图7-22所示。

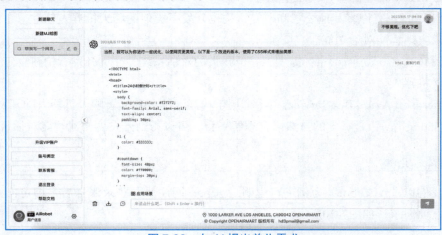

图 7-22　向 AI 提出美化需求

再次运行代码，观看效果，如图7-23所示。

项目七 | Web前端新技术

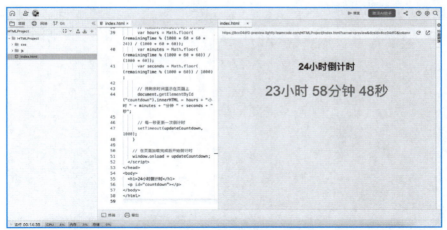

图7-23 AI生成的美化后的网页

拓展训练

张老师：小李同学，在这个项目里我们学习到了很多先进的技术，你能不能利用这些新技术，在你已经完成的基础上进一步完善图1-14所示的中国古诗词欣赏网站呢？比如替换可能存在版权风险的图片、展示VR全景、更新网站的功能等。

小李同学：好的，我试试！

张老师：你好好地研究一下，有什么问题尽管来找我。

项目小结

本项目带领读者认识了Web前端的新技术，提升搭建Web页面的效率，让Web页面更加具有科技感和美观性，拓展读者眼界。

习 题

1. 常见的数据大屏工具有哪些？说说各自的特点。
2. "在本项目中介绍的工具相互独立。"这样的说法是否正确？如果不正确能否给出一个例子来解释？